技工院校统编通用规划教材

工伤预防知识

天津市人力资源和社会保障局　组织编写

中国劳动社会保障出版社

图书在版编目（CIP）数据

工伤预防知识 / 天津市人力资源和社会保障局组织编写. --北京：中国劳动社会保障出版社，2024

ISBN 978-7-5167-6407-7

Ⅰ. ①工… Ⅱ. ①天… Ⅲ. ①工伤事故-事故预防-教材 Ⅳ. ①X928

中国国家版本馆 CIP 数据核字（2024）第 080064 号

中国劳动社会保障出版社出版发行

（北京市惠新东街 1 号　邮政编码：100029）

*

北京市科星印刷有限责任公司印刷装订　　新华书店经销

787 毫米×1092 毫米　16 开本　15.5 印张　222 千字

2024 年 5 月第 1 版　　2025 年 2 月第 4 次印刷

定价：36.00 元

营销中心电话：400-606-6496

出版社网址：http://www.class.com.cn

前　言

当前，我国正处于经济快速发展和工伤事故易发的并存期，随着经济的快速增长，工伤预防对产业高质量发展非常重要。工伤预防是工伤保险管理的重要环节，也是保障职工权利、提高用人单位效益和维护社会稳定的关键措施。为贯彻落实人力资源和社会保障部等八部门印发的《工伤预防五年行动计划（2021—2025)》（人社部发〔2020〕90号）的相关要求，技工院校要全面开设工伤预防课程，将工伤保险、职业病防治、工伤事故预防的政策法规、工伤事故防范知识、职业病警示教育等作为课程必修内容。本教材旨在搭建一座桥梁，使工伤预防理念贯穿于整个职业教育过程。在国家层面，这符合构建工伤保险的工伤预防、工伤补偿、工伤康复“三位一体”功能、提升国民整体安全素质的需要。在具体教学实践中，通过将工伤预防知识有机融入技工院校专业课程体系，向学生教授切实可行的事故防范方法，最终目标是培养学生能够自觉遵守安全规范、有效预防工伤的良好素养，使其在未来的职业生涯中成为遵章守纪的中坚力量。

本教材从工伤保险与工伤预防基础知识、工伤预防相关法律法规、工伤事故预防、职业病防治、工伤事故应急处置等方面，结合法规及案例分析全面系统地介绍了工伤预防相关知识，有针对性地讲解了电气事故、机械伤害事故、焊接与切割作业事故、火灾与爆炸事故、高处作业事故、厂内运输事故、建筑施工事故、道路交通事故等典型工伤事故防范措施。本教材集知识性、适用性于一体，通俗易懂，适合技工院校学生学习使用，同时也适用于其他希望了解工伤预防知识的读者。通过学习本教材，可以了解工伤预防的必要性和重要性，掌握工伤事故和职业病的预防措施和方法，提高自身的安全意识和技能水平，从而更好地应对工作中可能遇到的安全风险。此外，本教材还可以作为各用人单位负责人、安全管理人员、人力资源管理人员的参考用书，帮助他们更好地制定和实施本单位的工伤预防制度，以高水平安全保障高质量发展。

本教材由天津市人力资源和社会保障局工伤保险处和职业能力建设处组织、指导编写，天津城建大学高天宝主编，天津市电子信息技师学院徐建民、天津市机电工艺技师学院刘超、中海油安全技术服务有限公司刘伟帅参与编写，同时天津市职业技能鉴定指导中心蔺树亮、李淑丽，天津城建大学姚晓尧、范泽荣参与了资料收集、图文编辑，天津市继续工程教育协会组织专家审定，在此对为本书的出版贡献力量的各位专家表示感谢！

由于编者能力水平与经验有限，书中若存在疏漏、不足之处，敬请广大读者批评指正，以利再版时修订和提高。

2024 年 1 月

目　录

第一章
工伤保险与工伤预防基础知识

第一节　工伤保险基础知识

一、工伤保险基本概念

1. 工伤

工伤又被称为产业伤害、职业伤害、工业伤害、工作伤害，是指职工因工作遭受事故伤害或患职业病。其中，事故伤害是指职工在工作过程中因安全生产事故等导致的伤亡；职业病是指职工在工作过程中，因接触粉尘、放射性物质和其他有毒、有害物质等因素引起的疾病。

工伤的范围在《工伤保险条例》第十四条、第十五条、第十六条有明确界定，规定了应当认定为工伤的情形、视同工伤的情形和不得认定为工伤的情形。

2. 工伤保险

（1）工伤保险的定义。工伤保险又称职业伤害保险，是社会保险制度的重要组成部分，是由国家立法实施的，通过用人单位缴费筹资形成基金，对职工因工作原因遭受事故伤害或者患职业病的，给予职工及其近亲属相应待遇的一项社会保险制度。

（2）工伤保险的基本特征。工伤保险的基本特征主要包括以下四个方面：

1）强制性。工伤保险作为社会保险的一种，是由国家通过立法来强制执行的。在立法规定的范围内，用人单位必须为职工办理参加工伤保险，并为职工缴纳工伤保险费。

2）保障性。工伤保险注重对工伤职工及供养亲属的基本生活保障，并通过提供及时的救治和康复、给予一次性和长期待遇等方式来实现。

3）非营利性。工伤保险作为社会保险的一个险种，是以保障工伤职工权利为目的，由社会保险经办机构经办工伤保险业务，为工伤职工服务，不收取费用。经办机构的业务经费由财政部门拨付。

4）互济性。工伤保险通过向各用人单位征收工伤保险费，筹资形成工伤保险基金，用于工伤职工救治、康复和经济补偿，体现了互助互济的特点。

3. 工伤保险基金

工伤保险基金是社会保险基金中的一种专项基金，是指按照法律规定，由用人单位缴纳的工伤保险费及其利息收入、以及其他依法纳入的资金汇集而成的，用于支付工伤保险待遇及其他相关支出的专项资金。工伤保险费根据各行业的伤亡事故风险和职业危害程度的风险类别实行差别费率，执行不同的工伤保险行业基准费率，通过在基准费率基础上浮动的办法确定每个行业内的费率档次，即浮动费率。

用人单位应当按时缴纳工伤保险费，职工个人不缴纳工伤保险费。用人单位缴纳工伤保险费的数额为本单位职工工资总额乘以单位缴费费率之积。

工伤保险基金存入社会保障基金财政专户，依法用于工伤预防、工伤保险待遇、劳动能力鉴定以及法律法规规定的用于工伤保险的其他费用的支付。

二、工伤保险制度的适用范围

根据《工伤保险条例》规定，中华人民共和国境内的企业、事业单位、社会团体、民办非企业单位、基金会、律师事务所、会计师事务所等组织和有雇工的个体工商户（统称用人单位）应当依照《工伤保险条例》规定参加工伤保险，为本单位全部职工或者雇工（统称职工）缴纳工伤保险费。

中华人民共和国境内的企业、事业单位、社会团体、民办非企业单位、基金会、律师事务所、会计师事务所等组织的职工和个体工商户的雇工，均有依照《工伤保险条例》的规定享受工伤保险待遇的权利。

三、工伤保险的作用和原则

1. 工伤保险的作用

（1）工伤保险作为社会保险制度的一个组成部分，是国家通过立法强制实施的，是国家对职工履行的社会责任，也是职工应该享受的基本权利。工伤保险的实施是人类文明和社会发展的重要标志和成果。

（2）实行工伤保险保障了工伤职工工伤医疗以及其基本生活、伤残抚恤和遗属抚恤，在一定程度上解除了职工及其近亲属的后顾之忧，工伤保险待遇体现出国家和社会对职工的尊重，有利于提高他们的工作积极性。

（3）建立工伤保险制度有利于促进工伤预防和安全生产，保护和发展社会生产力。工伤保险与用人单位改善劳动条件、预防工伤事故、防治职业病、开展工伤康复以及工伤事故应急管理等工作紧密相联，对提高用人单位和职工的生产安全，防止或减少工伤、职业病，保护职工的身心安全健康至关重要。

（4）工伤保险保障了工伤职工的合法权利，有利于妥善处理事故和恢复生产，维护正常的生产、生活秩序，维护社会安定。

2. 工伤保险的“十项原则”

（1）无责任补偿（无过失补偿）原则。

（2）国家立法、强制实施原则。

（3）风险分担、互助互济原则。

（4）个人不缴费原则。

（5）区别因工与非因工原则。

（6）经济补偿与事故预防、职业病防治相结合原则。

（7）一次性补偿与长期补偿相结合原则。

（8）确定伤残和职业病等级原则。

（9）区别直接经济损失与间接经济损失原则。

（10）集中管理原则。

第二节　工伤预防基础知识

一、工伤预防的概念

工伤预防是建立健全工伤预防、工伤补偿和工伤康复“三位一体”工伤保险制度的重要内容，是为避免与降低工伤风险所采取的宣传和培训等手段和措施。工伤预防能够事先防范和减少工伤事故和职业病的发生，有效保障职工的生命安全和身体健康，减少经济损失，是促进用人单位稳定发展和社会稳定的关键手段。

当前国际上，现代工伤保险制度已经把工伤预防放在优先位置。我国现行的《工伤保险条例》也把工伤预防确定为工伤保险三大任务之一。因此，应依法逐步改变“重补偿、轻预防”的模式，坚持“安全第一、预防为主、综合治理”的方针，切实保障职工的生命安全和身体健康。

二、工伤预防的地位和管理机制

1. 工伤预防的地位

工伤预防作为工伤保险的一个重要组成要素，在减少职业伤害、降低工伤费用支出以加大基金积累、提高工伤保险抗风险能力方面起着至关重要的作用。只有强化工伤预防工作，才能有效地减少职业伤害，减少因工伤事故给伤、残、亡职工及其家属在生理、心理上的伤害，更好地保障职工的合法权利。

开展工伤预防工作可以更好地保障职工的生命安全和健康，促进用人单位做好生产安全工作，降低工伤事故伤害的发生率，分散用人单位的工伤风险，避免和减少职业病危害。

2. 工伤预防的管理机制

工伤事故及职业病与其他自然灾害不同，是可以通过采取相关的管理与技术措施进行预防的。以下从用人单位和职工角度简述工伤预防的管理机制以及管理经验。

（1）用人单位工伤预防的管理机制

1）取得或者达到相应安全卫生生产经营的条件。

2）新建项目设计、评估和验收中须包括安全卫生方面的内容。

3）保证安全卫生生产经营的资金投入。

4）制定安全卫生生产经营的应急预案和措施。

5）负责安全卫生设备的配置与维护。

6）配备符合条件的安全卫生管理专职人员。

7）依法提供劳动防护用品。

8）落实特种作业人员的持证上岗制度。

9）设置安全卫生警示标志。

10）进行安全卫生生产经营的宣传与培训工作。

11）在上岗前事先告知职工有关职业危害的情况。

12）做好职工宿舍的安全卫生工作。

13）做好特种设备、危险源和职业病危害因素的管理工作。

14）对职工进行岗前、岗中、离岗健康检查等。

（2）职工工伤预防的管理机制

1）职工有义务遵守劳动纪律和用人单位的规章制度，做好本职工作和被临时指定的工作，服从本单位负责人的工作安排和指挥。

2）职工在劳动过程中必须严格遵守安全操作规程，正确使用劳动防护用品，接受劳动安全卫生教育和培训，配合用人单位积极预防工伤事故和职业病。

3）职工或其近亲属报告工伤和申请工伤认定时，有义务如实反映发生事故和职业病的有关情况等，当有关部门调查取证时，应当给予配合。

4）除紧急情况外，发生工伤的职工应当到工伤保险签订服务协议的医疗机构进行治疗，对于治疗、劳动能力鉴定、康复要接受有关机构的安排，并给予配合。

5）工伤职工经过劳动能力鉴定确认完全恢复或者部分恢复劳动能力可以工作的，应当服从用人单位的工作安排。

6）职工有权获得劳动安全卫生的教育和培训，了解所从事的工作可能对身体健康造成的危害和可能发生的伤害事故。

7）职工有权享受保障自身安全健康的劳动条件有义务正确使用劳动防护用品。

8）职工对用人单位管理人员违章指挥、强令冒险作业有权予以拒绝。

9）职工对危害生命安全和身体健康的行为有权提出批评、检举和控告。

10）从事职业危害作业的职工有权获得定期健康检查。

11）职工发生工伤时有权得到抢救和治疗。

12）发生工伤后，职工或其近亲属有权要求用人单位或自己向统筹地区社会保险行政部门申请工伤认定。

13）工伤职工有权按时足额享受有关工伤保险待遇。

14）工伤致残，有权要求进行劳动能力鉴定、再次鉴定和复查鉴定。

15）因工致残尚有工作能力的职工，在就业方面应得到特殊保护，在合同期内用人单位对因工致残的职工不得解除劳动合同，并应根据不同情况安排适当工作。

16）工伤职工及其近亲属申请工伤认定和处理工伤保险待遇时，与用人单位发生争议的，有权向当地劳动争议仲裁委员会申请仲裁，直至向人民法院起诉；对社会保险行政部门作出的工伤认定和待遇支付决定不服的，有权申请行政复议或行政诉讼。

（3）工伤预防管理经验。用工风险是每个用人单位都会面临的问题，用人单位除了以宣传和教育培训等方面进行工伤预防工作外，同时要从入职管理到用人单位规章制度等方面入手，采取不同的措施以达到降低风险的目的。当发生工伤事故时，用人单位应积极应急处理，完成工伤认定、劳动能力鉴定申请和理赔手续，避免后续出现争议。长期的实践经验表明，用人单位积极完善的工伤预防制度能够有效防止工伤事故和职业病的发生，具体可以从以下几个方面进行制度建设。

1）用人单位应建立完善的规章制度，将工伤预防与安全操作规范纳入规章制度中。其中，工伤预防相关内容主要是规范职工宣教培训、入职的健康体检等流程及规范作业操作等；工伤事故处理相关内容主要是规范在发生工伤事故之后，用人单位和职工应如何进行处理，着重规范工伤处理流程。工伤职工应当按照规定，积极配合用人单位完成工伤认定、劳动能力鉴定和工伤康复等工作。

2）新职工应进行入职体检。新职工在上一家用人单位辞职后到本单位工作，若原单位未为该职工进行离职体检，其可能在原单位已经患上了职业病。通过安排新职工进行入职体检，可以掌握新职工入职时的身体状况，尽量预防带病入职，从而降低本单位工伤发生的概率。

3）及时足额为职工缴纳工伤保险费。及时足额缴纳工伤保险费是用人单位的法定义务，这样用人单位才能够申请由工伤保险基金承担按照《工伤保险条例》规定的工伤保险待遇项目和标准支付费用。

4）引入商业保险机制。工伤职工的医疗费用或工伤保险基金不能予以报销的医药费等剩余的赔偿项目仍需由用人单位自行承担。因此，在为职工缴纳了工伤保险费的情况下，用人单位可以另行购买商业保险，以减少用人单位因工伤事故造成的损失。

5）加强安全生产教育和培训。用人单位应加强对岗位职工进行安全生产教育和培训，使职工掌握安全生产方面的知识和操作方法，使安全贯穿于生产的全过程，从而使其提高安全生产技能，增强事故预防和应急处理能力。

第三节 与工伤预防相关的安全管理概述

一、安全管理方法

1. 加强领导，增强安全意识和安全观念

提高用人单位各级责任人“安全第一”的安全生产意识，真正落实“安全第一、预防为主、综合治理”的安全生产方针。“安全第一”就是在安全与生产发生矛盾的时候，首先要解决安全问题，在确保安全条件下进行生产作业。抓安全管理工作，应落实“管生产经营必须管安全”理念，认真负责、一丝不苟地把安全管理工作真正落到实处。

2. 认真贯彻“谁主管、谁负责”的原则，各负其责、各司其职抓好安全工作

安全管理工作不仅是应急管理部门要抓的事，每个用人单位主管部门都应把安全工作当做第一位的事来抓，应把本单位、本部门的安全管理工作真正抓好，做到“谁主管、谁负责”。要抓全员、全过程、全方位的安全管理工作，树立“抓安全管理工作上谁抓都不算越位，怎么抓也不算过分”。在用人单位内要做到人人都关心安全、人人都过问安全，不能把安全工作只看作是安全管理部门和安全管理人员的事。

3. 加强安全教育，抓好安全技术培训，提高职工的安全素质

在加强安全管理的时候，一是要抓好新工人上岗前的“三级”安全教育，落实学习内容、学习时间，要有专人检查落实情况；二是要抓好特种作业人员的安全技术培训、考核，使持证上岗率达100%；三是抓好作业场所、生产指挥人员的安全技术培训，实行“安全生产指挥证”（资格证书），力争培训率达100%，持证指挥生产率达100%，杜绝违章指挥的现象发生；四是要开展经常性的安全知识

宣教，采取广播、电视、移动通信、安全知识演讲竞赛等多种形式，达到人人懂安全知识、人人遵章守纪。

4. 建立健全规章制度，强化作业现场监督管理

为使作业现场都按规程操作，把安全工作落到实处，有关部门和用人单位应组织制定有关规章、制度和措施，制定有关安全规程，规范安全标准，强化监管措施，提高管理水平。必须做到有章必循、违章必纠，同时要抓好现场管理，做到常检查、早发现、早治理。还必须抓住事故多发的几个环节：一是下班前（抢速度、忽视安全）；二是刚上班（思想不集中）；三是节假日休假后刚上班；四是家中发生异常情况，上班前没有休息好或饮酒等。在抓作业现场管理时，必须做到对违章行为坚决制止纠正，决不能姑息迁就，发现重大事故隐患，领导必须亲临现场指挥处理。

5. 提足用好安全技术措施专项费用，改善职工作业条件

一是依法提足安全技术措施费用在专用资金账上；二是管好用好安全技术措施费用，弥补劳动保护设施的欠账，改善作业条件，且不得挪作他用。

6. 抓好安全检查工作，及时发现事故隐患

安全检查是发现事故隐患、落实整改措施、消除不安全因素、做到防患于未然的重要手段之一。安全检查可分定期和不定期的、综合性和专业性的等各种类型，其频率可以因用人单位具体情况而异。安全检查可先发工作通知，也可采用随机抽查等办法，这样才能查出事物的真实面目。安全检查后要抓紧事故隐患的整改，并且要定时复查，做到及时反馈。

7. 依法发放劳动防护用品

一是要按规定发放职工个人的劳动防护用品，不能以任何理由加以克扣，也不能以钱代物；二是必须保证劳动防护用品的质量，尤其是特种防护用品，一定要依法购买有验收合格证的产品；三是发放的防护用品必须教育培训职工正确使用。

8. 对发生的工伤事故要严肃认真地进行调查处理

发生事故不能隐瞒，用人单位必须及时如实报告。事故发生后，用人单位主管部门要立即报告上级部门，并组成事故调查组进行调查处理。对伤亡事故一定要本着“四不放过”（即事故原因未查清不放过、责任人员未处理不放过、整改措施未落实不放过、有关人员未受到教育不放过）的原则认真处理，重大事故要召开事故追查会，对事故进行认真的调查分析，并吸取教训，以防同类事故重复发生。

9. 加大工伤预防宣传力度

有关部门和用人单位应当采取多种形式，加强对有关安全生产的法律法规的宣传和安全生产知识的普及，提高职工安全生产和工伤预防的意识，对不同的岗位应专人专岗。可采用经济手段影响职工，如对及时排查事故隐患的职工进行奖励，对违规操作的职工进行严厉批评并进行合理罚款，促使其形成安全生产良好习惯。

10. 加强作业环境保护，制定技术规范

有关部门和用人单位应当对设备、设施、工艺、操作等，从职业安全卫生的角度进行计划、设计、检查和定期保养，制定技术规范，明确操作方法，治理生产过程中产生的粉尘、毒物、噪声、辐射等职业病危害因素，保障职工的安全健康权利。

11. 严格作息制度

用人单位应当制定并严格执行作息制度，避免职工过度疲劳地工作。

二、全员“四不伤害”原则

1.“四不伤害”原则的概念

“四不伤害”原则是指在生产过程中，坚持“我不伤害自己、我不伤害他人、我不被他人伤害、我保护他人不受伤害”的原则。

2. “四不伤害”原则的内容及实现措施

（1）“我不伤害自己”。“我不伤害自己”是指要提高自我保护意识，不能由于自身的疏忽、失误而使自己受到伤害。它取决于自己的安全意识、安全知识、对工作任务的熟悉程度、岗位技能、工作态度、工作方法、精神状态、作业行为等多方面因素。

要想做到“我不伤害自己”，应做好以下各个方面：

1）了解这项工作的任务、责任，具备完成这项工作的技能。

2）了解这项工作的不安全因素，判断有可能出现的差错，以及出现事故的应急措施。

3）要有严谨的工作态度。

4）弄懂工作程序，严格按程序办事。

5）出现问题时停下来思考，必要时请求帮助。

6）遵章守规、谨慎小心地工作，切忌贪图省事、粗心急躁，不能因一味地追求速度而忽略安全。

7）身体、精神应保持良好状态，不做与工作无关的事。

8）劳动防护用品应符合岗位要求，随时注意现场的安全标志。

9）不违章作业，拒绝违章指挥。

10）对作业现场危险有害因素进行充分辨识。

（2）“我不伤害他人”。“我不伤害他人”是指自己的行为或行为后果不能给他人造成伤害。在多人同时作业时，由于自己不遵守操作规程、对作业现场周围观察不够以及自己操作失误等原因，自己的行为可能对现场周围的人员造成伤害。

要想做到“我不伤害他人”，应做好以下各个方面：

1）坚持遵章守规、正确操作。

2）多人交叉作业时要相互配合，要顾及他人的安全。

3）工作后不要留下事故隐患，如检修完机器时，须将拆除或移开的盖板、防护罩等设施恢复正常。

4）高处作业时，工具或材料等物品应放置稳妥，避免坠落砸伤到他人。

5）动火作业完毕后现场须清理，杜绝残留火种可能引发的火灾。

6）在机械设备运行过程中，操作人员未经允许不得擅自离开工作岗位，以免其他人误触开关而造成伤害。

7）在拆装电气设备时，线路接头应按规定包扎好，以免他人触电。

8）进行起重作业、电气焊割作业、电工作业等特种作业要严格遵守安全规程等。

（3）“我不被他人伤害”。“我不被他人伤害”是指每个人都要加强自我防范意识，工作中要避免因他人的错误操作或其他事故隐患对自己造成伤害。

要想做到“我不被他人伤害”，应做好以下各个方面：

1）拒绝违章指挥，提高防范意识保护自己。

2）对作业场地周围不安全因素要加强警觉，一旦发现违章作业要及时制止，纠正他人的不安全行为并及时消除事故隐患。

3）要避免由于其他人员的工作失误、设备状态不良或管理缺陷造成事故隐患给自己带来的伤害。例如，发现危险性较严重的中毒事故，在没有可靠的安全措施条件下不能进入危险场所，以免因盲目施救而使自己被伤害。

4）交叉作业时，要能够预见别人对自己可能造成的伤害，并做好防范措施。例如，在检修电气设备时必须进行验电，要防范别人误送电。

5）设备缺乏安全保护设备设施时，如旋转的零部件没有防护罩，应及时向上级主管报告，非专业人员不能擅自予以处理。

6）在危险性大的岗位（如高处作业、带电作业等），必须设专人监护。

（4）“我保护他人不受伤害”。任何组织中的每个成员都是团队中的一分子，要担负起关心爱护他人的责任和义务，不仅自己要注意安全，还要保护团队的其他人员不受伤害。

要想做到“我保护他人不受伤害”，应做好以下各个方面：

1）任何人在任何地方发现任何事故隐患都要主动告知或提示给他人。

2）提示他人遵守各项规章制度和安全操作规程。

3）提出安全建议，互相交流，向他人传递有用的信息。

4）视安全为集体荣誉，为团队贡献安全知识，与他人分享经验。

5）关注他人身体、精神状态等异常变化。

6）一旦发生事故，在保护自己的同时，要主动帮助身边的人摆脱困境。

三、“三违”的识别和预防

1. “三违”的定义

“三违”是指在生产作业中的违章指挥、违规作业、违反劳动纪律这三种现象。

（1）违章指挥。违章指挥是指用人单位的各级生产经营管理人员（指挥者）违反安全生产方针政策、法律法规、规章制度和有关规定指挥生产的行为。

（2）违规作业是指作业人员违反劳动生产岗位的安全规章和制度（如安全生产责任制、安全操作规程、工作交接班制度等）的作业行为。

（3）违反劳动纪律是指作业人员违反用人单位的劳动纪律的行为。劳动纪律是多方面的，如组织纪律、工作纪律、技术纪律以及规章制度等。

2. “三违”行为产生的原因

（1）主观原因。“三违”行为的产生，从主观上来说，主要是因为作业人员存在各种不利于安全生产的心理，如侥幸心理、惰性心理、麻痹心理、逆反心理、逞能心理、凑趣心理、冒险心理、从众心理、无所谓心理、好奇心理等。

（2）客观原因。客观上分析作业人员的“三违”行为，主要是由于其对规章制度的规定没有完全理解，对自身行为的危害性意识不到，把错的或偏颇的做法视作对的或全面的，把一些错误的“经验”视作正常的做法，久而久之形成的行为习惯。

3. “三违”行为的特点

（1）顽固性。即表现为多发并且不容纠正的特点，也就是我们常说的“屡教不改”“犯了又犯”。

（2）潜在性。即表现为对不安全行为的熟视无睹、习以为常，不发生事故的时候是“艺高人胆大”，对危险丧失警惕性，出了事故却“后悔莫及”。

（3）传染性。“省力”“不出事”的行为容易被效仿，不良的行为习惯若不根治，必然产生负面效应。

（4）排他性。即对安全规程排斥、不遵守，总认为自己的习惯是最“管用”的。

4．“三违”行为典型表现

（1）违章指挥

1）指派不具备安全资格的人员上岗，不考虑职工的工种与技术等级进行分工。

2）没有工作交底，没有安全技术措施，没有创造生产安全的必备条件，冒险组织生产。

3）擅自变更已经批准的安全技术措施。

4）擅自决定变动、拆除、挪用或停用安全装置和设施。

5）擅自决定设备带病运行、超能力运行，而没有相应的技术措施和安全保障措施，或是让职工冒险作业。

6）不按规定给职工配备必须佩戴合格的劳动安全卫生防护用品。

7）在作业场所危险源辨识不清的情况下指令职工操作。

8）职业禁忌证者未被及时调换工种。

9）发布其他违反职业安全卫生和环境安全法律、法规、规章、标准、规程的指令。

10）装置未达到开车条件就下令开车。

（2）违规作业

1）上岗未出示安全作业证、未佩戴工作证，未经三级安全教育就上岗作业。

2）作业现场吸烟、酒后上岗。

3）非特种作业人员从事特种作业。未取得特种作业操作证职工从事电工、气割、电焊等特种作业，无特种设备作业人员证操作叉车、起重机等特种设备。

4）检修设备时安全措施不落实，检修时监护措施未落实及未设置警戒区域或未挂警示牌。

5）发现事故隐患未排除、报告，冒险作业。

6）在有毒、粉尘等生产作业场所进餐、饮水。

7）高危作业未办理作业票证，各种作业票证上签字不全、代签字。

8）气焊作业时忽视氧气瓶、乙炔瓶的安全使用要求及安全距离。

9）加装盲板及拆除盲板时不做盲板台账。

10）车辆占用消防通道未开具占道证。

11）在防爆区内接打手机。

（3）违反劳动纪律

1）上班迟到、早退，无故旷工。

2）上班时间睡岗、离岗、串岗、长时间占用生产电话等，干与生产无关的事。

3）未按照巡检要求进行巡检。

4）违反操作规程、操作票证进行操作。

5）工艺指标超标后未及时发现或调节。

6）上班期间嬉戏打闹、打架斗殴。

7）未阻止陌生人出入厂房。

8）上班期间私自换岗。

5. 防范习惯性违章行为的管理措施

（1）领导重视。反习惯性违章能否取得成效，不仅取决于用人单位各级领导的决心、态度是否坚决，措施是否得力，而且取决于他们自身的模范带头作用。领导就是榜样，榜样的力量是无穷的，如果用人单位领导带头遵章守纪，杜绝习惯性违章指挥，职工就能跟着学、照着做，就能带出遵章守纪的职工队伍。领导重视能起到感召作用，只有领导以身作则，才能产生一股强大的反习惯性违章的凝聚力。

（2）狠抓“认识教育”。认识不到位，行动就不会到位。正确认识习惯性违章的危害和防范习惯性违章的重要意义，是预防习惯性违章的第一步，也是重要的一步。因为再好的规章制度也必须由思想认识正确的人去执行。

（3）狠抓安全知识教育。要利用简报、会议、宣传栏、班组会等多种形式做好安全知识的宣传工作，增加职工的安全知识，提高职工防范习惯性违章的能力。

（4）制定相应的安全规章制度。可以通过制定“反习惯性违章工作条例”“反习惯性违章奖惩办法”“反习惯性违章岗位实施细则”等，把规章制度定到单位、定到班组，落实到每一个岗位上。

（5）奖励与惩罚并用。有了规章制度，就得按规章制度办，否则规章制度就是一纸空文，防范习惯性违章也就成了一句空话。对于那些一贯坚持按规程工作、一丝不苟遵守安全规定而长期无任何事故的班组、个人要进行奖励，以激励全体职工。而对那些有习惯性违章的班组、个人，要给予处罚，以警示旁人。

（6）实行违章“一票否决制”。有的人之所以对习惯性违章满不在乎，除了因为没有深刻理解其潜在的巨大危害外，还与习惯性违章发生后没有受到严厉的惩罚有关。所以对习惯性违章行为不能只批评教育或象征性地罚一些钱，而要实行“一票否决制”，做到“安全不过关，其他都免谈”。

（7）反习惯性违章工作要长抓不懈。克服习惯性违章不可能一蹴而就，需要长抓不懈。最有效的办法就是实行填报“岗位安全操作不违章日志”，即只要是工作日，无论哪个岗位的职工都必须填写当日的安全操作记录，由班组及区块验收。采取每周一小结、每月一评比、每年一总结的办法，不让任何一个习惯性违章行为成为漏网之鱼。

（8）完善安全防护设施。要预防因习惯性违章而诱发的事故，既要解决好习惯性违章者这个主导因素，又要注意解决好操作对象、作业环境这些客观的因素。单纯强调人这个主导因素，而忽视客观条件，不符合预防事故的客观规律。特别是有的职工因受不良传统做法和习惯方式的影响，虽然身临险境却不知险，若再加上设备陈旧，存在许多缺陷和隐患，则事故难以避免。因此，要预防习惯性违章及其造成的后果，必须完善安全防护设施。

第四节　工伤预防的目的和意义

一、工伤预防的目的

当前，我国正处于经济快速发展和工伤事故易发的并存期，工伤事故伤害和职业病问题依然十分突出。据人力资源和社会保障部统计，2022 年全年，我国认定（视同）工伤 126. 4 万人，其中 79. 5 万人评定了伤残等级，享受工伤保险待遇 204 万人，全国工伤保险基金支出 1 025 亿元人民币，同比增长 3. 5%。有关工伤事故事故的统计表明，我国每年发生的工伤事故造成的损失很大，占到了 GDP（国内生产总值）的 2. 5% ~3%。工伤预防的目的就是从源头上减少和避免工伤事故伤害和职业病的发生，最终实现“零工伤”“零伤害”的目标。

1. 党和国家历来高度重视工伤预防工作

2009 年以来，全国共开展了三次工伤预防试点工作，为推动全面实施工伤预防工作奠定了坚实基础。2017 年，人力资源和社会保障部等四部门印发《工伤预防费使用管理暂行办法》，对工伤预防费的使用和管理作出了具体的规定，使工伤预防工作进入了全面推进时期。2020 年，人力资源和社会保障部等八部门联合印发《工伤预防五年行动计划（2021—2025 年）》（以下简称《五年行动计划》）。《五年行动计划》要求以习近平新时代中国特色社会主义思想为指导，坚持以人民为中心的发展思想，完善“预防、康复、补偿”三位一体制度体系，把工伤预防作为工伤保险优先事项。通过推进工伤预防工作，提高工伤预防意识，改善工作场所的劳动条件，防范重特大事故的发生，切实降低工伤发生率，促进经济社会持续健康发展。《五年行动计划》同时明确了九项工作任务，其中包括全面加强工伤预防宣传和深入推进工伤预防培训等内容。

为巩固和深化尘肺病防治攻坚行动成果，大力推进“十四五”时期职业病防治工作，保障劳动者职业健康权利，2021 年国家卫生健康委员会办公厅下发《关于深入开展职业病危害专项治理工作的通知》，决定自 2022 年 1 月起至 2025 年 12 月在全国范围深入开展职业病危害专项治理工作，要求以习近平新时代中国特色社会主义思想为指导，认真贯彻落实党中央、国务院关于职业病防治工作的决策部署和《中华人民共和国职业病防治法》的相关要求，坚持以人民健康为中心，深入实施健康中国战略，以治理粉尘、化学毒物、噪声超标为主要任务，加强职业健康监督管理，改善工作场所劳动条件，从源头控制和减少职业病危害，保障广大劳动者职业健康。

经济快速发展的背后是频繁发生的工伤事故。党和国家历来重视工伤预防工作的重要性，各省份通过大力宣传“预防优先”的理念，让人们对工伤预防不再陌生，有部分地区探索工伤预防的工作新模式，组织用人单位进行持续性改善工伤预防培训，现场互动交流经验，以此提升广大用人单位、职工的工伤预防意识，预防生产过程中的事故隐患。工伤预防工作涉及人力资源和社会保障、财政、卫生健康、工会、应急管理以及各行业主管等多部门，根据《五年行动计划》的要求，各地各统筹地区由人力资源和社会保障部门牵头，多部门建立了联席会议制度，明确职责分工，加强协调联动，加强联合检查，督促用人单位认真落实工伤预防主体责任。

现阶段，我国依然面临工伤事故多发的不利形势，工伤保险基金的收支平衡依然存在较大压力。自 2009 年在全国范围内组织开展工伤预防试点以来，政府相关主管部门有针对性地出台了多项工伤预防政策，目标是在全社会牢固树立预防优先的工作理念，在治理上瞄住盯紧工伤预防重点行业，依法确定重点领域、重点项目，围绕工伤事故和职业病高发重点行业企业开展工作。同时，采取全面加强工伤预防宣传、深入推进工伤预防培训、科学进行工伤保险费率浮动等方法，创新开展“互联网 + 工伤预防”，积极推进工伤预防专业化、职业化建设。

2. 工伤预防是工伤保险制度体系的重要组成部分

工伤保险制度自实施以来，在因工作原因遭受事故伤害或者患职业病的职工获得医疗救治和经济补偿、减轻用人单位因工伤而引起的经济负担、协调用人单位和工伤职工之间的劳动关系、有效防止社会不稳定因素的产生等方面都发挥了极为重要的作用。工伤保险制度更应充分发挥出在规范企业用工、促进工伤预防等方面的重要作用，有效降低工伤事故伤害和职业病的发生率，从根本上保障劳动者的人身安全，促进用人单位安全稳定发展。做好工伤预防工作，开展工伤预防宣传和培训，有利于增强用人单位和职工的守法维权意识，从源头上减少工伤事故和职业病的发生，保障职工生命安全和身体健康权利，减少经济损失，促进社会和谐稳定发展。

从国际上看，有关国际组织向来重视工伤预防在工伤保险制度中的重要作用。国际劳工组织1964年通过的第121号公约《工伤事故和职业病津贴公约》第26条规定："各成员国应采取措施防止工伤事故与职业病。"要求实施工伤保险制度的国家采取工伤预防的措施，将工伤预防作为政府的重要职责。近百年来，西方发达国家普遍实行了工伤保险与事故预防相结合的做法。例如，澳大利亚、法国、英国和加拿大等国家在工伤保险立法中均写入事故预防与工伤保险补偿计划相联系的条款。澳大利亚规定，工伤保险的目的首先在于事故的预防，第一辅助作用是预防，然后才是伤亡事故处理、职业康复及发放补偿金。加拿大对工伤预防工作十分重视，每个省都将工伤补偿与预防紧密结合，如哥伦比亚省工人赔偿委员会每年安排3.48%的事故预防费，用于安全宣传教育及其宏观管理。

二、工伤预防的意义

1. 从源头上降低工伤事故和职业病的发生

工伤预防可以从源头上有效降低工伤事故和职业病的发生，保障职工的安全健康权利。与其出现事故伤害后进行补偿不如不发生或少发生工伤事故对职工更有利，从这点上说，工伤预防是对职工的安全健康最好的保障，充分体现了人民至上、生命至上和以人民为中心的发展思想。

预防的要义，在于“事先防范”，防未发生的事故，防“未病之病”，防患于未然。工伤预防是安全生产工作的重要内容。企业要进行生产活动，就存在发生伤亡事故和职业病的可能。减少工伤事故和职业病的发生，保护职工在生产过程中的安全健康，需要事先的预防工作。有关研究表明，现有的事故80%以上是可以通过对安全生产管理与技术等手段避免的，这充分说明了工伤预防工作的迫切性和重要性。

2. 从根本上有利于用人单位的发展，促进社会和谐稳定

工伤预防工作从根本上有利于用人单位的发展，促进社会和谐稳定。工伤预防工作尤其需要有“红线意识”，因为它关系社会的和谐稳定，关系用人单位的经营发展，关系职工的身心安全健康，最能体现以人民为中心的发展思想，能从源头避免工伤事故的发生。近些年来，我国因工伤事故和职业病所造成的危害一直受党和国家和社会各方面的广泛关注，随着工伤保险制度的改革，国家正在逐步加强工伤预防工作。一方面，通过工伤预防，提高用人单位的安全生产管理水平，消除事故隐患，减少和避免事故的发生，既保护了职工的生命安全与身体健康，也减少了事故发生给用人单位带来的损失，保证用人单位生产经营的顺利进行，有助于用人单位的良性发展，进而推动经济社会的发展进步。另一方面，用人单位工伤事故少了，将大大减少由此引发的劳企双方的争议，有利于建立和谐的劳动关系，促进社会的和谐稳定。

3. 工伤预防减少工伤保险基金的支出和社会物质财富的损失

工伤预防可以减少工伤保险基金的支出和社会物质财富的损失，降低社会成本。国际通行的“损失控制”理论表明，在前期投入少量资金开展工伤预防工作，可减少大量的事后补偿支出。据国际劳工组织估测，一个国家职业伤害造成的经济损失占GDP的2%左右。工伤预防工作能减少职业伤害，从而从根本上减少经济损失支出。

实践证明，加强工伤预防工作，减少工伤事故发生，是控制工伤保险基金支

出的有效方法之一。做好工伤预防工作，可以大大减少因事故而造成的救治、康复费用及经济补偿等经济支出，使工伤保险基金的使用进入有效的良性循环。

同时，工伤事故发生率的降低，工伤人数的减少，除了用于工伤职工的救治、康复费用及经济补偿会减少，还可以减少工伤认定、劳动能力鉴定和待遇核付等一系列工作的工作量和管理费用，从而降低行政成本。

4. 工伤预防是保障职工合法权利的需要

生命安全和身体健康是职工的基本权利，发生职业伤害后的医疗救助和伤残补偿，不能挽回失去的生命和复原受伤害的身体。只有做好工伤预防，才能从根本上保障职工的安全和健康。

做好工伤预防工作是为了完善工伤保险制度，保障人权。生命权和健康权是人权的最重要内容，求生存和健康是人类最基本的权利。早在 1925 年，国际劳工组织就指出：工人只要去工作就会受到一种危险的威胁，它可能使人丧失劳动能力。因此，他们就应该受到保护。这种保护不能只是简单地理解为，做好了抢救治疗、发放待遇等方面的工作，事后才去补偿，而更重要的是事前要采取措施搞好预防，对职工的身体和生命进行保护。所以要采取各项工伤预防措施，通过规范用人单位的安全生产管理，实行差别浮动费率机制，强化宣传教育和培训服务，以达到消灭事故隐患，控制事故发生，保护职工身体健康的目的。

工伤保险的首要任务就是充分发挥工伤预防的作用，这不但对安全生产和防治职业病有促进作用，更利于工伤保险事业的发展。国家通过完善工伤保险制度，保障工伤职工的合法权利，解决职工的后顾之忧，体现了党和国家对人权的尊重，对劳动的尊重，有利于提高职工的工作积极性。

5. 有利于帮助用人单位提高安全生产管理水平

工伤预防工作是促进用人单位安全生产的需要，用人单位有责任和义务给职工提供有利于健康的、安全的生产环境和工作条件。做好工伤预防工作，有利于帮助用人单位提高安全生产管理水平，增强职工事故防范意识和水平，从根本上改善用工环境。

经验表明，工伤保险工作不能陷入“重事后补偿、轻事前预防”的泥坑。如果我们在事前就采取各项措施，指导用人单位搞好事故预防工作，有利于用人单位从经济效益和社会效益两个方面去考虑提高安全生产管理水平，促进整改事故隐患，把事故消灭在萌芽状态，不发生或少发生事故。这样，不仅用人单位的事故发生率降低了，而且还有利于用人单位减少生产设备和人员等方面的经济损失，降低下个年度的工伤保险费率，同时又可减少所交工伤保险费和工伤保险待遇赔付，增强工伤保险基金储备，加大工伤保险抗风险的能力，从而促进用人单位安全可持续发展。

6. 工伤预防是实现经济社会协调发展的重要途径

国家所需要的发展并不是一味地追求 GDP 增长，而是应该综合社会、经济、环境、人口、职业安全卫生、环境保护等多个方面。工伤预防能够保护职工的生命安全和健康，使广大职工分享改革和发展的成果。总之，有效的工伤预防工作，可以获得较高社会效益和经济效益。

第二章 工伤预防相关法律法规

第一节 概述

中华人民共和国成立以来，最早有关工伤保险的法律是1951年2月26日由政务院公布的《中华人民共和国劳动保险条例》，由于经济成分的多元化和工伤事故的高发，1996年劳动部颁布了《企业职工工伤保险试行办法》（以下简称《试行办法》）。《试行办法》虽然法律位阶不高，却在我国工伤保险法律制度中具有极为重要的地位，确立了我国工伤保险基本模式和理念，可认为是我国真正意义工伤保险立法的开端。

《试行办法》提出了“安全第一、预防为主”的方针，规定工伤保险基金可用于工伤预防费用、宣传和科研费用、安全奖励金等项目的支出，工伤保险费率实行行业差别费率和浮动费率两种机制，对安全生产工作做出贡献的单位和个人发放安全生产奖励金，由工伤保险经办机构承担工伤预防的职能。《试行办法》规定了保障职工在工作中遭受事故伤害和患职业病后获得医疗救治、经济补偿和职业康复的权利，分散工伤风险，促进工伤预防。《试行办法》改变了我国长期来以事后救济补偿为主，忽略事前预防的现状，开始将工伤预防概念纳入工伤保险制度的范畴。《试行办法》已被2004年1月1日起施行的《工伤保险条例》替代。

2003年4月，国务院颁布了《工伤保险条例》，该条例的颁布意味着工伤保险法律位阶，从部门规章上升为行政法规，调整范围更广，实施力度更大，使工伤保险成为当时社会保险诸险种中立法层次最高、最早得以定型的险种之一，也标志着我国工伤保险进入法治化阶段。《工伤保险条例》是我国历史上第一个关于工伤保险的法规，但是其并未对工伤预防的实施做出详细的规定。人力资源和社会保障部为完善工伤预防制度，探索建立工伤预防的工作模式，完善工伤预防的相关政策，为在全国范围内开展工伤预防工作积累经验，探索建立我国工伤预防制度体系，于2009年发布了《关于开展工伤预防试点工作有关问题的通知》，将郑州、广州、海口等12个城市作为试点开展工伤预防工作，为期2年。试点工作期间，这12个城市要因地制宜探索工伤预防费合理的提取比例，规范工伤预防费的使用范围和项目的同时，加强辖区内多部门之间的协调配合，做好工伤预防工作。为进一步推动工伤预防工作的开展，2013年4月，人力资源和社会保障部发布了《关于进一步做好工伤预防试点工作的通知》，决定在2009年初步试点的基础上，将试点城市扩大至50个。

2011年7月1日，《中华人民共和国社会保险法》正式施行，该法第四章共用11条法条对工伤保险进行规范，构建了我国工伤保险法律制度的基本框架。依据《中华人民共和国社会保险法》的相关内容，2010年12月20日《工伤保险条例》进行了修改，2011年4月22日《中华人民共和国建筑法》《中华人民共和国煤炭法》也进行了相应修改，解决了这两部法律与《工伤保险条例》实施中存在的冲突，确立了工伤保险相对于意外伤害险的优先性和强制性，明确规定建筑施工企业和煤矿企业应当依法为职工缴纳工伤保险费，同时鼓励企业为井下作业职工办理意外伤害保险。

2011年12月31日，《中华人民共和国职业病防治法》也进行了修改。这一系列紧锣密鼓的立法和修法，使得我国工伤保险制度更加完善。《中华人民共和国职业病防治法》的颁布、实施与修改具有重大意义，有利于推进工伤预防，维护劳动者的切身权益，促进经济和社会的发展。

《中华人民共和国社会保险法》和《中华人民共和国职业病防治法》是我国有关职业安全和健康保障的核心法律。以其为核心，形成了工伤保险的多层法律制度，与之配套发布实施的还有行政法规、部门规章、地方法规、地方规章等法律法规。工伤预防相关法律法规详见表2-1。

表2-1　　工伤预防相关法律法规

法律法规	类别	制定机关	发文文号
《中华人民共和国职业病防治法》	法律	全国人民代表大会常务委员会	中华人民共和国主席令第52号
《中华人民共和国社会保险法》	法律	全国人民代表大会常务委员会	中华人民共和国主席令第35号
《中华人民共和国安全生产法》	法律	全国人民代表大会常务委员会	中华人民共和国主席令第88号
《中华人民共和国劳动法》	法律	全国人民代表大会常务委员会	中华人民共和国主席令第24号
《工伤保险条例》	行政法规	国务院	国务院令第375号
《中华人民共和国尘肺病防治条例》	行政法规	国务院	国发〔1987〕105号
《工伤预防费使用管理暂行办法》	部门规章	人力资源社会保障部、财政部、国家卫生计生委、国家安全监管总局	人社部规〔2017〕13号
《职业病诊断与鉴定管理办法》	部门规章	国家卫生健康委	国家卫生健康委令第6号

国家立法强制所有用人单位实行工伤保险，包括国有、集体、私营、乡镇、三资企业和有收入的事业单位，以及有雇工的个体劳动者在内，均须每月向当地社会保险行政部门缴纳工伤保险费，违者给予法律规定的惩罚。同时，研制出科学化、定量化、通用化的工伤评残等级表，作为国家标准颁布，适用于各类用人单位。所有企业在开业之前必须向社会保险行政部门申请参加工伤保险，流动性企业要接受社会保险行政部门验证。所有企业要在本企业最明显的位置张贴职工在工伤保险方面权利的公告。我国还将工伤保险方面的纠纷处理列入劳动争议、行政诉讼及法院的工作内容。

第二节　基本规定

一、法律

1. 劳动法

《中华人民共和国劳动法》规定，用人单位濒临破产进行法定整顿期间或者生产经营状况发生严重困难，确需裁减人员的，应当提前30日向工会或者全体职工说明情况，听取工会或者职工的意见，经向劳动行政部门报告后，可以裁减人员。劳动者有下列情形之一的，用人单位不得解除劳动合同：

（1）患职业病或者因工负伤并被确认丧失或者部分丧失劳动能力的。

（2）患病或者负伤，在规定的医疗期内的。

国家建立伤亡事故和职业病统计报告和处理制度。县级以上各级人民政府劳动行政部门、有关部门和用人单位应当依法对劳动者在劳动过程中发生的伤亡事故和劳动者的职业病状况，进行统计、报告和处理。劳动者存在因工伤残或者患职业病情形，依法享受社会保险待遇。

2. 社会保险法

《中华人民共和国社会保险法》规定，参加基本养老保险的个人，因病或者非因工死亡的，其遗属可以领取丧葬补助金和抚恤金；在未达到法定退休年龄时因病或者非因工致残完全丧失劳动能力的，可以领取病残津贴。所需资金从基本养老保险基金中支付。

职工应当参加工伤保险，由用人单位缴纳工伤保险费，职工不缴纳工伤保险费。国家根据不同行业的工伤风险程度确定行业的差别费率，并根据使用工伤保险基金、工伤发生率等情况在每个行业内确定费率档次。行业差别费率和行业内费率档次由国务院社会保险行政部门制定，报国务院批准后公布施行。社会保险经办机构根据用人单位使用工伤保险基金、工伤发生率和所属行业费率档次等情况，确定用人单位缴费费率。用人单位应当按照本单位职工工资总额，根据社会保险经办机构确定的费率缴纳工伤保险费。

职工因工作原因受到事故伤害或者患职业病，且经工伤认定的，享受工伤保险待遇，其中，经劳动能力鉴定丧失劳动能力的，享受伤残待遇。工伤认定和劳动能力鉴定应当简捷、方便。

工伤职工符合领取基本养老金条件的，停发伤残津贴，享受基本养老保险待遇。基本养老保险待遇低于伤残津贴的，从工伤保险基金中补足差额。

职工所在用人单位未依法缴纳工伤保险费，发生工伤事故的，由用人单位支付工伤保险待遇。用人单位不支付的，从工伤保险基金中先行支付。从工伤保险基金中先行支付的工伤保险待遇应当由用人单位偿还。用人单位不偿还的，社会保险经办机构可以依法追偿。由于第三人的原因造成工伤，第三人不支付工伤医疗费用或者无法确定第三人的，由工伤保险基金先行支付。工伤保险基金先行支付后，有权向第三人追偿。

3. 职业病防治法

《中华人民共和国职业病防治法》以“预防为主、防治结合”的方针，强调从源头上预防、控制职业病，消除职业病的危害，保护劳动者的职业安全健康和其他权益，促进经济社会发展。同时，这部法律还明确了职业病防治作为工伤预防制度的重要内容，规定了卫生行政部门、职业卫生技术服务机构、用人单位、劳动者等主体的权利、义务以及应当承担的法律责任。立法目的是预防、控制和消除职业病危害，防治职业病，保护劳动者健康及其相关权益，促进经济社会发展。

《中华人民共和国职业病防治法》给出了职业病的定义，是指企业、事业单位和个体经济组织等用人单位的劳动者在职业活动中，因接触粉尘、放射性物质和其他有毒、有害因素而引起的疾病。建立用人单位负责、行政机关监管、行业自律、职工参与和社会监督的机制，实行分类管理、综合治理。

《中华人民共和国职业病防治法》规定，劳动者依法享有职业卫生保护的权利。用人单位应当为劳动者创造符合国家职业卫生标准和卫生要求的工作环境和条件，并采取措施保障劳动者获得职业卫生保护。工会组织依法对职业病防治工作进行监督，维护劳动者的合法权益。用人单位制定或者修改有关职业病防治的规章制度，应当听取工会组织的意见。

用人单位应当建立、健全职业病防治责任制，加强对职业病防治的管理，提高职业病防治水平，对本单位产生的职业病危害承担责任。用人单位的主要负责人对本单位的职业病防治工作全面负责。用人单位必须依法参加工伤保险。国务院和县级以上地方人民政府劳动保障行政部门应当加强对工伤保险的监督管理，确保劳动者依法享受工伤保险待遇。国家鼓励和支持研制、开发、推广、应用有利于职业病防治和保护劳动者健康的新技术、新工艺、新设备、新材料，加强对职业病的机理和发生规律的基础研究，提高职业病防治科学技术水平；积极采用有效的职业病防治技术、工艺、设备、材料；限制使用或者淘汰职业病危害严重的技术、工艺、设备、材料。国家鼓励和支持职业病医疗康复机构的建设。

国家实行职业卫生监督制度。国务院卫生行政部门、劳动保障行政部门依照确定的职责，负责全国职业病防治的监督管理工作。国务院有关部门在各自的职责范围内负责职业病防治的有关监督管理工作。县级以上地方人民政府卫生行政部门、劳动保障行政部门依据各自职责，负责本行政区域内职业病防治的监督管理工作。县级以上地方人民政府有关部门在各自的职责范围内负责职业病防治的有关监督管理工作。县级以上人民政府卫生行政部门、劳动保障行政部门应当加强沟通，密切配合，按照各自职责分工，依法行使职权，承担责任。国务院和县级以上地方人民政府应当制定职业病防治规划，将其纳入国民经济和社会发展计划，并组织实施。国务院卫生行政部门应当组织开展重点职业病监测和专项调查，对职业健康风险进行评估，为制定职业卫生标准和职业病防治政策提供科学依据。县级以上地方人民政府卫生行政部门应当定期对本行政区域的职业病防治情况进行统计和调查分析。

任何单位和个人有权对违反法律法规的行为进行检举和控告。有关部门收到相关的检举和控告后，应当及时处理。对防治职业病成绩显著的单位和个人，给予奖励。

职业病病人的诊疗、康复费用，伤残以及丧失劳动能力的职业病病人的社会保障，按照国家有关工伤保险的规定执行。职业病病人除依法享有工伤保险外，依照有关民事法律，尚有获得赔偿的权利的，有权向用人单位提出赔偿要求。劳动者被诊断患有职业病，但用人单位没有依法参加工伤保险的，其医疗和生活保障由该用人单位承担。

4. 安全生产法

《中华人民共和国安全生产法》进一步明确了生产经营单位、劳动者、政府部门三方的职责，以加强事前预防、强化隐患排查治理为重点工作内容。国家实行生产安全事故责任追究制度，依照有关法律、法规的规定，追究生产安全事故责任单位和人员的法律责任，对报告、举报重要事故隐患有功人员给予奖励。推进安全生产责任保险，这是从生产经营单位、劳动者、政府部门的安全生产责任角度对我国工伤预防制度的补充和完善。

《中华人民共和国安全生产法》规定，安全生产工作应当坚持中国共产党的领导。安全生产工作应当以人为本，坚持人民至上、生命至上，把保护人民生命安全摆在首位，树牢安全发展理念，坚持安全第一、预防为主、综合治理的方针，从源头上防范化解重大安全风险。安全生产工作应当实行管行业必须管安全、管业务必须管安全、管生产经营必须管安全，强化和落实生产经营单位的主体责任与政府监管责任，建立生产经营单位负责、职工参与、政府监管、行业自律和社会监督的机制。

生产经营单位必须遵守有关安全生产的法律、法规，加强安全生产管理，建立、健全全员安全生产责任制和安全生产规章制度，加大对安全生产资金、物资、人员的投入保障力度，改善安全生产条件，加强安全生产标准化建设，构建安全风险分级管控和隐患排查治理双重预防机制，健全风险防范化解机制，提高安全生产水平，确保安全生产。平台经济等新兴行业、领域的生产经营单位应当根据本行业、领域的特点，建立健全并落实全员安全生产责任制，加强从业人员安全生产教育和培训，履行法律、法规规定的有关安全生产义务。

生产经营单位的主要负责人是本单位安全生产第一责任人，对本单位的安全生产工作全面负责。其他负责人对职责范围内的安全生产工作负责。生产经营单位的从业人员有依法获得安全生产保障的权利，并应当依法履行安全生产方面的义务。工会依法对安全生产工作进行监督。生产经营单位的工会依法组织职工参加本单位安全生产工作的民主管理和民主监督，维护职工在安全生产方面的合法权益。生产经营单位制定或者修改有关安全生产的规章制度，应当听取工会的意见。

生产经营单位必须依法参加工伤保险，为从业人员缴纳保险费。国家鼓励生产经营单位投保安全生产责任保险；属于国家规定的高危行业、领域的，应当投保安全生产责任险。生产经营单位与从业人员订立的劳动合同，应当载明有关保障从业人员劳动安全、防止职业危害的事项，以及依法为从业人员办理工伤保险的事项。生产经营单位不得以任何形式与从业人员订立协议，免除或者减轻其对从业人员因生产安全事故伤亡依法应承担的责任。生产经营单位发生生产安全事故后，应当及时采取措施救治有关人员。因生产安全事故受到损害的从业人员，除依法享有工伤保险外，依照有关民事法律尚有获得赔偿权利的，有权提出赔偿要求。

二、法规和政策规范

1. 工伤保险条例

《工伤保险条例》明确了工伤预防费用的提取比例、使用及管理办法制定的牵头部门，为我国工伤预防制度的内容提供了依据和基础。

《工伤保险条例》要求，中华人民共和国境内的企业、事业单位、社会团体、民办非企业单位、基金会、律师事务所、会计师事务所等组织和有雇工的个体工商户，应当依照规定参加工伤保险，为本单位全部职工或者雇工缴纳工伤保险费。中华人民共和国境内的企业、事业单位、社会团体、民办非企业单位、基金会、律师事务所、会计师事务所等组织的职工和个体工商户的雇工，均有依照规定享受工伤保险待遇的权利。

工伤保险费的征缴按照《社会保险费征缴暂行条例》关于基本养老保险费、基本医疗保险费、失业保险费的征缴规定执行。用人单位应当将参加工伤保险的有关情况在本单位内公示。用人单位和职工应当遵守有关安全生产和职业病防治的法律法规，执行安全卫生规程和标准，预防工伤事故发生，避免和减少职业病危害。

职工发生工伤时，用人单位应当采取措施使工伤职工得到及时救治。国务院社会保险行政部门负责全国的工伤保险工作。县级以上地方各级人民政府社会保险行政部门负责本行政区域内的工伤保险工作。社会保险行政部门按照国务院有关规定设立的社会保险经办机构具体承办工伤保险事务。社会保险行政部门等部门制定工伤保险的政策、标准，应当征求工会组织、用人单位代表的意见。

2. 政策规范

住房城乡建设部发布的《住房城乡建设部关于进一步加强和完善建筑劳务管理工作的指导意见》（建市〔2014〕112 号）中明确要求，建筑施工企业对自有劳务人员承担用工主体责任。建筑施工企业应对自有劳务人员的施工现场用工管理、持证上岗作业和工资发放承担直接责任。建筑施工企业应与自有劳务人员依法签订书面劳动合同，办理工伤、医疗或综合保险等社会保险，并按劳动合同约定及时将工资直接发放给劳务人员本人。应不断提高和改善劳务人员的工作条件和生活环境，保障其合法权益。各地住房城乡建设主管部门应会同有关部门积极探索适合建筑行业特点的劳务人员参加社会保险的方式方法，允许劳务人员在就业地办理工伤、医疗及养老保险，研究做好劳务人员社会保障与新型农村合作医疗的合并统一及异地转移接续，夯实劳务人员向产业工人转型的基础建设工作。

2017 年 8 月 17 日，由人力资源和社会保障部会同财政部、国家卫生和计划生育委员会、国家安全生产监督管理总局共同制定并印发了《工伤预防费使用管理暂行办法》（人社部规〔2017〕13 号）。《工伤预防费使用管理暂行办法》要求工伤预防费用于工伤事故和职业病预防宣传和培训。工伤预防费的提取比例以统筹地区上年度工伤保险基金征缴收入为基础，不得超过3%。《工伤预防费使用管理暂行办法》对于工伤预防费的提取比例和使用范围做出明确规定，成为我国工伤预防制度的重要组成部分。

2018年1月2日，人力资源和社会保障部、交通运输部、水利部、国家能源局、国家铁路局、中国民用航空局联合印发了《关于铁路、公路、水运、水利、能源、机场工程建设项目参加工伤保险工作的通知》（人社部发〔2018〕3号），其中明确要求，各地人力资源和社会保障部门要会同各部门按照《工伤预防费使用管理暂行办法》，指导建筑施工企业积极开展工伤预防宣传和培训工作，要建立健全政府部门、行业协会、施工企业等多层次的培训体系，不断提升职工特别是农民工的工伤保险意识，控制和减少工伤发生。对积极开展工伤预防，有效减少工伤发生的项目承包单位，符合条件的，要优先落实浮动费率政策。

住房和城乡建设部、国家发展和改革委员会、教育部、工业和信息化部、人力资源和社会保障部、交通运输部、水利部、国家税务总局、国家市场监督管理总局、国家铁路局、中国民用航空局、中华全国总工会联合发布了《住房城乡建设部等部门关于加快培育新时代建筑产业工人队伍的指导意见》（建市〔2020〕105号），其中的主要任务中明确提出，要完善社会保险缴费机制。用人单位应依法为建筑工人缴纳社会保险。对不能按用人单位参加工伤保险的建筑工人，由施工总承包企业负责按项目参加工伤保险，确保工伤保险覆盖施工现场所有建筑工人。大力开展工伤保险宣教培训，促进安全生产，依法保障建筑工人职业安全和健康权益。鼓励用人单位为建筑工人建立企业年金。

《职业病诊断与鉴定管理办法》（国家卫生健康委员会令第6号）明确规定，各地要加强职业病诊断与鉴定信息化建设，建立健全劳动者接触职业病危害、开展职业健康检查、进行职业病诊断与鉴定等全过程的信息化系统，不断提高职业病诊断与鉴定信息报告的准确性、及时性和有效性。用人单位应当依法履行以下职业病诊断、鉴定的相关义务：

（1）及时安排职业病病人、疑似职业病病人进行诊治。

（2）如实提供职业病诊断、鉴定所需的资料。

（3）承担职业病诊断、鉴定的费用和疑似职业病病人在诊断、医学观察期间的费用。

（4）报告职业病和疑似职业病。

（5）《中华人民共和国职业病防治法》规定的其他相关义务。

第三节　工伤保险基金相关规定

《工伤保险条例》规定，工伤保险基金由用人单位缴纳的工伤保险费、工伤保险基金的利息和依法纳入工伤保险基金的其他资金构成。工伤保险费根据以支定收、收支平衡的原则确定费率。国家根据不同行业的工伤风险程度确定行业差别费率，并根据工伤保险费使用、工伤发生率等情况在每个行业内确定若干费率档次。行业差别费率及行业内费率档次由国务院社会保险行政部门制定，报国务院批准后公布施行。统筹地区经办机构根据用人单位工伤保险费使用、工伤发生率等情况，适用所属行业内相应的费率档次确定单位缴费费率。

用人单位应当按时缴纳工伤保险费，职工个人不缴纳工伤保险费。用人单位缴纳工伤保险费的数额为本单位职工工资总额乘以单位缴费费率之积。对难以按照工资总额缴纳工伤保险费的行业，其缴纳工伤保险费的具体方式，由国务院社会保险行政部门规定。

工伤保险基金逐步实行省级统筹。跨地区、生产流动性较大的行业，可以采取相对集中的方式异地参加统筹地区的工伤保险。具体办法由国务院社会保险行政部门会同有关行业的主管部门制定。

工伤保险基金存入社会保障基金财政专户，用于规定的工伤保险待遇，劳动能力鉴定，工伤预防的宣传、培训等费用，以及法律、法规规定的用于工伤保险的其他费用的支付。工伤预防费用的提取比例、使用和管理的具体办法，由国务院社会保险行政部门会同国务院财政、卫生行政、安全生产监督管理等部门规定。任何单位或者个人不得将工伤保险基金用于投资运营、兴建或者改建办公场所、发放奖金，或者挪作其他用途。

工伤保险基金应当留有一定比例的储备金，用于统筹地区重大事故的工伤保险待遇支付；储备金不足支付的，由统筹地区的人民政府垫付。储备金占基金总额的具体比例和储备金的使用办法，由省、自治区、直辖市人民政府规定。

第四节　工伤认定相关规定

一、应当认定为工伤的情形

《工伤保险条例》规定，职工有下列情形之一的，应当认定为工伤：

（1）在工作时间和工作场所内，因工作原因受到事故伤害的。

（2）工作时间前后在工作场所内，从事与工作有关的预备性或者收尾性工作受到事故伤害的。

（3）在工作时间和工作场所内，因履行工作职责受到暴力等意外伤害的。

（4）患职业病的。

（5）因工外出期间，由于工作原因受到伤害或者发生事故下落不明的。

（6）在上下班途中，受到非本人主要责任的交通事故或者城市轨道交通、客运轮渡、火车事故伤害的。

（7）法律、行政法规规定应当认定为工伤的其他情形。

二、视同工伤的情形

《工伤保险条例》规定，职工有下列情形之一的，视同工伤：

（1）在工作时间和工作岗位，突发疾病死亡或者在48小时之内经抢救无效死亡的。

（2）在抢险救灾等维护国家利益、公共利益活动中受到伤害的。

（3）职工原在军队服役，因战、因公负伤致残，已取得革命伤残军人证，到用人单位后旧伤复发的。

职工有上述第（1）项、第（2）项情形的，按照有关规定享受工伤保险待遇；职工有上述第（3）项情形的，按照有关规定享受除一次性伤残补助金以外的工伤保险待遇。

三、不得认定为工伤的情形

《工伤保险条例》规定，职工有下列情形之一的，不得认定为工伤或者视同工伤：

（1）故意犯罪的。

（2）醉酒或者吸毒的。

（3）自残或者自杀的。

四、工伤认定申请

《工伤保险条例》规定，职工发生事故伤害或者按照职业病防治法规定被诊断、鉴定为职业病，所在单位应当自事故伤害发生之日或者被诊断、鉴定为职业病之日起30日内，向统筹地区社会保险行政部门提出工伤认定申请。遇有特殊情况，经报社会保险行政部门同意，申请时限可以适当延长。用人单位未按规定提出工伤认定申请的，工伤职工或者其近亲属、工会组织在事故伤害发生之日或者被诊断、鉴定为职业病之日起1年内，可以直接向用人单位所在地统筹地区社会保险行政部门提出工伤认定申请。按照规定应当由省级社会保险行政部门进行工伤认定的事项，根据属地原则由用人单位所在地的设区的市级社会保险行政部门办理。用人单位未在规定的时限内提交工伤认定申请，在此期间发生符合规定的工伤待遇等有关费用由该用人单位负担。

社会保险行政部门受理工伤认定申请后，根据审核需要可以对事故伤害进行调查核实，用人单位、职工、工会组织、医疗机构以及有关部门应当予以协助。

职业病诊断和诊断争议的鉴定，依照职业病防治法的有关规定执行。对依法取得职业病诊断证明书或者职业病诊断鉴定书的，社会保险行政部门不再进行调查核实。社会保险行政部门应当自受理工伤认定申请之日起60日内作出工伤认定的决定，并书面通知申请工伤认定的职工或者其近亲属和该职工所在单位。社会保险行政部门对受理的事实清楚、权利义务明确的工伤认定申请，应当在15日内作出工伤认定的决定。作出工伤认定决定需要以司法机关或者有关行政主管部门的结论为依据的，在司法机关或者有关行政主管部门尚未作出结论期间，作出工伤认定决定的时限中止。

根据《工伤认定办法》的规定，提出工伤认定申请应当填写工伤认定申请表，并提交下列材料：

（1）劳动、聘用合同文本复印件或者与用人单位存在劳动关系（包括事实劳动关系）、人事关系的其他证明材料。

（2）医疗机构出具的受伤后诊断证明书或者职业病诊断证明书（或者职业病诊断鉴定书）。

社会保险行政部门决定受理的，应当出具工伤认定申请受理决定书；决定不予受理的，应当出具工伤认定申请不予受理决定书。社会保险行政部门受理工伤认定申请后，可以根据需要对申请人提供的证据进行调查核实。社会保险行政部门进行调查核实，应当由两名以上工作人员共同进行，并出示执行公务的证件。社会保险行政部门工作人员在工伤认定中，可以进行以下调查核实工作：

（1）根据工作需要，进入有关单位和事故现场。

（2）依法查阅与工伤认定有关的资料，询问有关人员并作出调查笔录。

（3）记录、录音、录像和复制与工伤认定有关的资料。调查核实工作的证据收集参照行政诉讼证据收集的有关规定执行。

社会保险行政部门工作人员进行调查核实时，有关单位和个人应当予以协助。用人单位、工会组织、医疗机构以及有关部门应当负责安排相关人员配合工作，据实提供情况和证明材料。职工或者其近亲属认为是工伤，用人单位不认为是工伤的，由该用人单位承担举证责任。用人单位拒不举证的，社会保险行政部门可以根据受伤害职工提供的证据或者调查取得的证据，依法作出工伤认定决定。

社会保险行政部门应当自受理工伤认定申请之日起60日内作出工伤认定决定，出具认定工伤决定书或者不予认定工伤决定书，并加盖社会保险行政部门工伤认定专用印章。

认定工伤决定书应当载明的事项包括：

（1）用人单位全称。

（2）职工的姓名、性别、年龄、职业、身份证号码。

（3）受伤害部位、事故时间和诊断时间或职业病名称、受伤害经过和核实情况、医疗救治的基本情况和诊断结论。

（4）认定工伤或者视同工伤的依据。

（5）不服认定决定申请行政复议或者提起行政诉讼的部门和时限。

（6）作出认定工伤或者视同工伤决定的时间。

不予认定工伤决定书应当载明的事项包括：

（1）用人单位全称。

（2）职工的姓名、性别、年龄、职业、身份证号码。

（3）不予认定工伤或者不视同工伤的依据。

（4）不服认定决定申请行政复议或者提起行政诉讼的部门和时限。

（5）作出不予认定工伤或者不视同工伤决定的时间。

社会保险行政部门应当自工伤认定决定作出之日起20日内，将认定工伤决定书或者不予认定工伤决定书送达受伤害职工（或者其近亲属）和用人单位，并抄送社会保险经办机构。认定工伤决定书和不予认定工伤决定书的送达参照民事法律有关送达的规定执行。职工或者其近亲属、用人单位对不予受理决定不服或者对工伤认定决定不服的，可以依法申请行政复议或者提起行政诉讼。工伤认定结束后，社会保险行政部门应当将工伤认定的有关资料保存50年。

第五节　劳动能力鉴定相关规定

《工伤保险条例》规定，职工发生工伤，经治疗伤情相对稳定后存在残疾、影响劳动能力的，应当进行劳动能力鉴定。

劳动能力鉴定是指劳动功能障碍程度和生活自理障碍程度的等级鉴定。劳动功能障碍分为10个伤残等级，最重的为一级，最轻的为十级。生活自理障碍分为3个等级：生活完全不能自理、生活大部分不能自理和生活部分不能自理。劳动能力鉴定标准由国务院社会保险行政部门会同国务院卫生行政部门等部门制定。

劳动能力鉴定由用人单位、工伤职工或者其近亲属向设区的市级劳动能力鉴定委员会提出申请，并提供工伤认定决定和职工工伤医疗的有关资料。省、自治区、直辖市劳动能力鉴定委员会和设区的市级劳动能力鉴定委员会分别由省、自治区、直辖市和设区的市级社会保险行政部门、卫生行政部门、工会组织、经办机构代表以及用人单位代表组成。劳动能力鉴定委员会建立医疗卫生专家库。

列入专家库的医疗卫生专业技术人员应当具备下列条件：

（1）具有医疗卫生高级专业技术职务任职资格。

（2）掌握劳动能力鉴定的相关知识。

（3）具有良好的职业品德。

设区的市级劳动能力鉴定委员会收到劳动能力鉴定申请后，应当从其建立的医疗卫生专家库中随机抽取3名或者5名相关专家组成专家组，由专家组提出鉴定意见。设区的市级劳动能力鉴定委员会根据专家组的鉴定意见作出工伤职工劳动能力鉴定结论；必要时，可以委托具备资格的医疗机构协助进行有关的诊断。设区的市级劳动能力鉴定委员会应当自收到劳动能力鉴定申请之日起60日内作出劳动能力鉴定结论，必要时，作出劳动能力鉴定结论的期限可以延长30日。劳动能力鉴定结论应当及时送达申请鉴定的单位和个人。

申请鉴定的单位或者个人对设区的市级劳动能力鉴定委员会作出的鉴定结论

不服的，可以在收到鉴定结论之日起 15 日内向省、自治区、直辖市劳动能力鉴定委员会提出再次鉴定申请。省、自治区、直辖市劳动能力鉴定委员会作出的劳动能力鉴定结论为最终结论。

劳动能力鉴定工作应当客观、公正。劳动能力鉴定委员会组成人员或者参加鉴定的专家与当事人有利害关系的，应当回避。

自劳动能力鉴定结论作出之日起 1 年后，工伤职工或者其近亲属、所在单位或者经办机构认为伤残情况发生变化的，可以申请劳动能力复查鉴定。

第六节　工伤保险待遇相关规定

《中华人民共和国社会保险法》规定，因工伤发生的下列费用，按照国家规定从工伤保险基金中支付：

（1）治疗工伤的医疗费用和康复费用。

（2）住院伙食补助费。

（3）到统筹地区以外就医的交通食宿费。

（4）安装配置伤残辅助器具所需费用。

（5）生活不能自理的，经劳动能力鉴定委员会确认的生活护理费。

（6）一次性伤残补助金和一级至四级伤残职工按月领取的伤残津贴。

（7）终止或者解除劳动合同时，应当享受的一次性医疗补助金。

（8）因工死亡的，其遗属领取的丧葬补助金、供养亲属抚恤金和因工死亡补助金。

（9）劳动能力鉴定费。

《工伤保险条例》规定，职工因工作遭受事故伤害或者患职业病进行治疗，享受工伤医疗待遇。职工治疗工伤应当在签订服务协议的医疗机构就医，情况紧急时可以先到就近的医疗机构急救。治疗工伤所需费用符合工伤保险诊疗项目目录、工伤保险药品目录、工伤保险住院服务标准的，从工伤保险基金支付。工伤保险诊疗项目目录、工伤保险药品目录、工伤保险住院服务标准，由国务院社会保险行政部门会同国务院卫生行政部门、药品监督管理部门等部门规定。职工住院治疗工伤的伙食补助费，以及经医疗机构出具证明，报经办机构同意，工伤职工到统筹地区以外就医所需的交通、食宿费用从工伤保险基金支付，基金支付的具体标准由统筹地区人民政府规定。工伤职工治疗非工伤引发的疾病，不享受工伤医疗待遇，按照基本医疗保险办法处理。工伤职工到签订服务协议的医疗机构进行工伤康复的费用，符合规定的，从工伤保险基金支付。社会保险行政部门作出认定为工伤的决定后发生行政复议、行政诉讼的，行政复议和行政诉讼期间不停止支付工伤职工治疗工伤的医疗费用。

工伤职工因日常生活或者就业需要，经劳动能力鉴定委员会确认，可以安装假肢、矫形器、假眼、假牙和配置轮椅等辅助器具，所需费用按照国家规定的标准从工伤保险基金支付。职工因工作遭受事故伤害或者患职业病需要暂停工作接受工伤医疗的，在停工留薪期内，原工资福利待遇不变，由所在单位按月支付。停工留薪期一般不超过 12 个月。伤情严重或者情况特殊，经设区的市级劳动能力鉴定委员会确认，可以适当延长，但延长不得超过 12 个月。工伤职工评定伤残等级后，停发原待遇，按照《工伤保险条例》有关规定享受伤残待遇。工伤职工在停工留薪期满后仍需治疗的，继续享受工伤医疗待遇。生活不能自理的工伤职工在停工留薪期需要护理的，由所在单位负责。

工伤职工已经评定伤残等级并经劳动能力鉴定委员会确认需要生活护理的，从工伤保险基金按月支付生活护理费。生活护理费按照生活完全不能自理、生活大部分不能自理或者生活部分不能自理 3 个不同等级支付，其标准分别为统筹地区上年度职工月平均工资的 50%、40% 或者 30%。

职工因工致残被鉴定为一级至四级伤残的，保留劳动关系，退出工作岗位，享受以下待遇。

（1）从工伤保险基金按伤残等级支付一次性伤残补助金，标准为：一级伤残为 27 个月的本人工资，二级伤残为 25 个月的本人工资，三级伤残为 23 个月的本人工资，四级伤残为 21 个月的本人工资。

（2）从工伤保险基金按月支付伤残津贴，标准为：一级伤残为本人工资的90%，二级伤残为本人工资的85%，三级伤残为本人工资的80%，四级伤残为本人工资的75%。伤残津贴实际金额低于当地最低工资标准的，由工伤保险基金补足差额。

（3）工伤职工达到退休年龄并办理退休手续后，停发伤残津贴，按照国家有关规定享受基本养老保险待遇。基本养老保险待遇低于伤残津贴的，由工伤保险基金补足差额。职工因工致残被鉴定为一级至四级伤残的，由用人单位和职工个人以伤残津贴为基数，缴纳基本医疗保险费。

职工因工致残被鉴定为五级、六级伤残的，享受以下待遇。

（1）从工伤保险基金按伤残等级支付一次性伤残补助金，标准为：五级伤残为18个月的本人工资，六级伤残为16个月的本人工资。

（2）保留与用人单位的劳动关系，由用人单位安排适当工作。难以安排工作的，由用人单位按月发给伤残津贴，标准为：五级伤残为本人工资的70%，六级伤残为本人工资的60%，并由用人单位按照规定为其缴纳应缴纳的各项社会保险费。伤残津贴实际金额低于当地最低工资标准的，由用人单位补足差额。经工伤职工本人提出，该职工可以与用人单位解除或者终止劳动关系，由工伤保险基金支付一次性工伤医疗补助金，由用人单位支付一次性伤残就业补助金。一次性工伤医疗补助金和一次性伤残就业补助金的具体标准由省、自治区、直辖市人民政府规定。

职工因工致残被鉴定为七级至十级伤残的，享受以下待遇。

（1）从工伤保险基金按伤残等级支付一次性伤残补助金，标准为：七级伤残为13个月的本人工资，八级伤残为11个月的本人工资，九级伤残为9个月的本人工资，十级伤残为7个月的本人工资。

（2）劳动、聘用合同期满终止，或者职工本人提出解除劳动、聘用合同的，由工伤保险基金支付一次性工伤医疗补助金，由用人单位支付一次性伤残就业补助金。一次性工伤医疗补助金和一次性伤残就业补助金的具体标准由省、自治区、直辖市人民政府规定。

工伤职工工伤复发，确认需要治疗的，享受《工伤保险条例》有关规定的工伤待遇。

职工因工死亡，其近亲属按照下列规定从工伤保险基金领取丧葬补助金、供养亲属抚恤金和一次性工亡补助金：

（1）丧葬补助金为6个月的统筹地区上年度职工月平均工资。

（2）供养亲属抚恤金按照职工本人工资的一定比例发给由因工死亡职工生前提供主要生活来源、无劳动能力的亲属。标准为：配偶每月40%，其他亲属每人每月30%，孤寡老人或者孤儿每人每月在上述标准的基础上增加10%。核定的各供养亲属的抚恤金之和不应高于因工死亡职工生前的工资。供养亲属的具体范围由国务院社会保险行政部门规定。

（3）一次性工亡补助金标准为上一年度全国城镇居民人均可支配收入的20倍。伤残职工在停工留薪期内因工伤导致死亡的，其近亲属享受有关规定的待遇。一级至四级伤残职工在停工留薪期满后死亡的，其近亲属可以享受有关规定的待遇。

伤残津贴、供养亲属抚恤金、生活护理费由统筹地区社会保险行政部门根据职工平均工资和生活费用变化等情况适时调整。调整办法由省、自治区、直辖市人民政府规定。

职工因工外出期间发生事故或者在抢险救灾中下落不明的，从事故发生当月起3个月内照发工资，从第4个月起停发工资，由工伤保险基金向其供养亲属按月支付供养亲属抚恤金。生活有困难的，可以预支一次性工亡补助金的50%。职工被人民法院宣告死亡的，按照职工因工死亡的规定处理。

工伤职工有下列情形之一的，停止享受工伤保险待遇：

（1）丧失享受待遇条件的。

（2）拒不接受劳动能力鉴定的。

（3）拒绝治疗的。

因工伤发生的下列费用，按照国家规定由用人单位支付：

（1）治疗工伤期间的工资福利。

（2）五级、六级伤残职工按月领取的伤残津贴。

（3）终止或者解除劳动合同时，应当享受的一次性伤残就业补助金。

用人单位分立、合并、转让的，承继单位应当承担原用人单位的工伤保险责任；原用人单位已经参加工伤保险的，承继单位应当到当地经办机构办理工伤保险变更登记。用人单位实行承包经营的，工伤保险责任由职工劳动关系所在单位承担。职工被借调期间受到工伤事故伤害的，由原用人单位承担工伤保险责任，但原用人单位与借调单位可以约定补偿办法。企业破产的，在破产清算时依法拨付应当由单位支付的工伤保险待遇费用。

职工被派遣出境工作，依据前往国家或者地区的法律应当参加当地工伤保险的，参加当地工伤保险，其国内工伤保险关系中止；不能参加当地工伤保险的，其国内工伤保险关系不中止。

职工再次发生工伤，根据规定应当享受伤残津贴的，按照新认定的伤残等级享受伤残津贴待遇。

第七节　监督管理相关规定

《工伤保险条例》规定，经办机构具体承办工伤保险事务，履行下列职责：

（1）根据省、自治区、直辖市人民政府规定，征收工伤保险费。

（2）核查用人单位的工资总额和职工人数，办理工伤保险登记，并负责保存用人单位缴费和职工享受工伤保险待遇情况的记录。

（3）进行工伤保险的调查、统计。

（4）按照规定管理工伤保险基金的支出。

（5）按照规定核定工伤保险待遇。

（6）为工伤职工或者其近亲属免费提供咨询服务。

经办机构与医疗机构、辅助器具配置机构在平等协商的基础上签订服务协议，并公布签订服务协议的医疗机构、辅助器具配置机构的名单。具体办法由国务院社会保险行政部门分别会同国务院卫生行政部门、民政部门等部门制定。

经办机构按照协议和国家有关目录、标准对工伤职工医疗费用、康复费用、辅助器具费用的使用情况进行核查，并按时足额结算费用。经办机构应当定期公布工伤保险基金的收支情况，及时向社会保险行政部门提出调整费率的建议。

社会保险行政部门、经办机构应当定期听取工伤职工、医疗机构、辅助器具配置机构以及社会各界对改进工伤保险工作的意见。

社会保险行政部门依法对工伤保险费的征缴和工伤保险基金的支付情况进行监督检查。财政部门和审计机关依法对工伤保险基金的收支、管理情况进行监督。

任何组织和个人对有关工伤保险的违法行为，有权举报。社会保险行政部门对举报应当及时调查，按照规定处理，并为举报人保密。

工会组织依法维护工伤职工的合法权益，对用人单位的工伤保险工作实行监督。

职工与用人单位发生工伤待遇方面的争议，按照处理劳动争议的有关规定处理。有下列情形之一的，有关单位或者个人可以依法申请行政复议，也可以依法向人民法院提起行政诉讼：

（1）申请工伤认定的职工或者其近亲属、该职工所在单位对工伤认定申请不予受理的决定不服的。

（2）申请工伤认定的职工或者其近亲属、该职工所在单位对工伤认定结论不服的。

（3）用人单位对经办机构确定的单位缴费费率不服的。

（4）签订服务协议的医疗机构、辅助器具配置机构认为经办机构未履行有关协议或者规定的。

（5）工伤职工或者其近亲属对经办机构核定的工伤保险待遇有异议的。

第八节　法律责任相关规定

《工伤保险条例》规定，单位或者个人违反规定，挪用工伤保险基金，构成犯罪的，依法追究刑事责任；尚不构成犯罪的，依法给予处分或者纪律处分。被挪用的基金由社会保险行政部门追回，并入工伤保险基金；没收的违法所得依法上缴国库。

社会保险行政部门工作人员有下列情形之一的，依法给予处分；情节严重，构成犯罪的，依法追究刑事责任：

（1）无正当理由不受理工伤认定申请，或者弄虚作假将不符合工伤条件的人员认定为工伤职工的。

（2）未妥善保管申请工伤认定的证据材料，致使有关证据灭失的。

（3）收受当事人财物的。

经办机构有下列行为之一的，由社会保险行政部门责令改正，对直接负责的主管人员和其他责任人员依法给予纪律处分；情节严重，构成犯罪的，依法追究刑事责任；造成当事人经济损失的，由经办机构依法承担赔偿责任：

（1）未按规定保存用人单位缴费和职工享受工伤保险待遇情况记录的。

（2）不按规定核定工伤保险待遇的。

（3）收受当事人财物的。

医疗机构、辅助器具配置机构不按服务协议提供服务的，经办机构可以解除服务协议。经办机构不按时足额结算费用的，由社会保险行政部门责令改正；医疗机构、辅助器具配置机构可以解除服务协议。

用人单位、工伤职工或者其近亲属骗取工伤保险待遇，医疗机构、辅助器具配置机构骗取工伤保险基金支出的，由社会保险行政部门责令退还，处骗取金额2倍以上5倍以下的罚款；情节严重，构成犯罪的，依法追究刑事责任。

从事劳动能力鉴定的组织或者个人有下列情形之一的，由社会保险行政部门责令改正，处2 000元以上1万元以下的罚款；情节严重，构成犯罪的，依法追究刑事责任：

（1）提供虚假鉴定意见的。

（2）提供虚假诊断证明的。

（3）收受当事人财物的。

用人单位依照规定应当参加工伤保险而未参加的，由社会保险行政部门责令限期参加，补缴应当缴纳的工伤保险费，并自欠缴之日起，按日加收万分之五的滞纳金；逾期仍不缴纳的，处欠缴数额1倍以上3倍以下的罚款。依照规定应当参加工伤保险而未参加工伤保险的用人单位职工发生工伤的，由该用人单位按照规定的工伤保险待遇项目和标准支付费用。用人单位参加工伤保险并补缴应当缴纳的工伤保险费、滞纳金后，由工伤保险基金和用人单位依照规定支付新发生的费用。用人单位违反规定，拒不协助社会保险行政部门对事故进行调查核实的，由社会保险行政部门责令改正，处2 000元以上2万元以下的罚款。

第九节　工伤预防费使用管理相关规定

工伤预防费是指统筹地区工伤保险基金中依法用于开展工伤预防工作的费用。依据《工伤预防费使用管理暂行办法》的规定，工伤预防费使用管理工作由统筹地区人力资源和社会保障行政部门会同财政、卫生健康、应急管理行政部门按照各自职责做好相关工作。工伤预防费用于下列项目的支出：

（1）工伤事故和职业病预防宣传。

（2）工伤事故和职业病预防培训。

在保证工伤保险待遇支付能力和储备金留存的前提下，工伤预防费的使用原则上不得超过统筹地区上年度工伤保险基金征缴收入的3%。因工伤预防工作需要，经省级人力资源和社会保障部门和财政部门同意，可以适当提高工伤预防费的使用比例。

伤预防费使用实行预算管理。统筹地区社会保险经办机构按照上年度预算执行情况，根据工伤预防工作需要，将工伤预防费列入下一年度工伤保险基金支出预算。具体预算编制按照预算法和社会保险基金预算有关规定执行。

统筹地区人力资源和社会保障部门应会同财政、卫生健康、应急管理部门以及本辖区内负有安全生产监督管理职责的部门，根据工伤事故伤害、职业病高发的行业、企业、工种、岗位等情况，统筹确定工伤预防的重点领域，并通过适当方式告知社会。

统筹地区行业协会和大中型企业等社会组织根据本地区确定的工伤预防重点领域，于每年工伤保险基金预算编制前提出下一年拟开展的工伤预防项目，编制项目实施方案和绩效目标，向统筹地区的人力资源和社会保障行政部门申报。

统筹地区人力资源和社会保障部门会同财政、卫生健康、应急管理等部门，根据项目申报情况，结合本地区工伤预防重点领域和工伤保险等工作重点，以及下一年工伤预防费预算编制情况，统筹考虑工伤预防项目的轻重缓急，于每年 10 月底前确定纳入下一年度的工伤预防项目并向社会公开。列入计划的工伤预防项目实施周期最长不超过 2 年。

纳入年度计划的工伤预防实施项目，原则上由提出项目的行业协会和大中型企业等社会组织负责组织实施。行业协会和大中型企业等社会组织根据项目实际情况，可直接实施或委托第三方机构实施。直接实施的，应当与社会保险经办机构签订服务协议。委托第三方机构实施的，应当参照政府采购法和招投标法规定的程序，选择具备相应条件的社会、经济组织以及医疗卫生机构提供工伤预防服务，并与其签订服务合同，明确双方的权利义务。服务协议、服务合同应报统筹地区人力资源和社会保障部门备案。面向社会和中小微企业的工伤预防项目，可由人力资源和社会保障、卫生健康、应急管理部门参照政府采购法等相关规定，从具备相应条件的社会、经济组织以及医疗卫生机构中选择提供工伤预防服务的机构，推动组织项目实施。参照政府采购法实施的工伤预防项目，其费用低于采购限额标准的，可协议确定服务机构。具体办法由人力资源和社会保障部门会同有关部门确定。

提供工伤预防服务的机构应遵守《中华人民共和国社会保险法》《工伤保险条例》以及相关法律法规的规定，并具备以下基本条件：

（1）具备相应条件，且从事相关宣传、培训业务两年以上并具有良好市场信誉。

（2）具备相应的实施工伤预防项目的专业人员。

（3）有相应的硬件设施和技术手段。

（4）依法应具备的其他条件。

对确定实施的工伤预防项目，统筹地区社会保险经办机构可以根据服务协议或者服务合同的约定，向具体实施工伤预防项目的组织支付30%～70%预付款。项目实施过程中，提出项目的单位应及时跟踪项目实施进展情况，保证项目有效进行。对于行业协会和大中型企业等社会组织直接实施的项目，由人力资源和社会保障部门组织第三方中介机构或聘请相关专家对项目实施情况和绩效目标实现情况进行评估验收，形成评估验收报告；对于委托第三方机构实施的，由提出项目的单位或部门通过适当方式组织评估验收，评估验收报告报人力资源和社会保障部门备案。评估验收报告作为开展下一年度项目重要依据。评估验收合格后，由社会保险经办机构支付余款。具体程序按社会保险基金财务制度、工伤保险业务经办管理等规定执行。

社会保险经办机构要定期向社会公布工伤预防项目实施情况和工伤预防费用使用情况，接受参保单位和社会各界的监督。

工伤预防服务机构提供的服务不符合法律和合同规定、服务质量不高的，三年内不得从事工伤预防项目。工伤预防服务机构存在欺诈、骗取工伤保险基金行为的，按照有关法律法规等规定进行处理。

统筹地区人力资源和社会保障、卫生健康、应急管理等部门应分别对工作场所工伤发生情况、职业病报告情况和安全事故情况进行分析，定期相互通报基本情况。

第三章 工伤事故预防

第一节 电气事故预防

随着工业技术的迅猛发展，电气系统已经深入社会和人民生活的方方面面，电气安全不可避免地影响着现代社会中的每一个人，尤其是企业中的从业人员。掌握一定的电气作业安全技术，做好电气事故预防工作，不仅能保证电气设备、电气线路的安全运营，也能保证个人人身安全。

一、电气作业分类

电气设备是在额定电压下工作的，额定电压是保证设备正常运转并能够获得最佳经济效益的电压。我国标准规定，交流额定电压 1 kV 及以上者属于高压电气设备，1 kV 以下者属于低压电气设备。按照涉及的电气设备的电压等级可将电气作业分为高压电气作业和低压电气作业。

对 1 kV 及以上的高压电气设备进行运行、维护、安装、检修、改造、施工、调试，以及对绝缘工器具进行试验的作业称为高压电气作业。

对 1 kV 以下的低压电气设备进行安装、调试、运行操作、维护、检修、改造施工和试验的作业称为低压电气作业。

二、电气事故类型

电气事故是由于电能在输送、分配、转换过程中失去控制而产生的。短路、异常接地、漏电、误合闸、误掉闸、电气设备或电气元件损坏、电子设备受电磁干扰而发生误动作等均属于电气系统故障，在一定条件下，电气系统故障会引发电气事故。电气事故严重时会导致人员伤亡和重大财产损失。

通过对电气作业开展危险源辨识、风险评估，以及对电气事故进行统计分析，电气系统故障可导致电网大面积停电、电气作业人身伤亡、电气设备损毁、电气火灾和爆炸等类型的事故。另外，常见的电气事故还包括雷击事故、静电事故和电磁辐射危害等。

1. 电网大面积停电事故

我国的电力工业发展迅速，电力系统由孤立电网已经发展为连接数省范围内的发电厂、变电站、输配电线路和广大用户的区域性电网，进而通过输电线路的互联，发展为跨地区、跨国的大型互联电力系统。然而电网规模不断扩大，也增加了电网运行控制的难度，安全稳定运行遭到破坏的风险形势日益严峻，一旦发生电气系统故障，极易造成电网大面积停电，带来巨大的经济损失甚至人身安全事故。

2. 电气作业人身伤亡事故

按照人体触及带电体的方式和电流流过人体的途径，造成人身伤亡事故的触电方式分为单相触电、两相触电和跨步电压触电。

当人体直接碰触带电设备其中的一相时，电流通过人体流入大地，这种触电现象称为单相触电。对于高压带电体，人体虽未直接接触，但由于超过了安全距离，高电压对人体放电，造成单相接地而引起的触电，也属于单相触电。低压电网通常采用变压器低压侧中性点直接接地和中性点不直接接地（通过保护间隙接地）的接线方式，这两种接线方式均会产生单相触电的危险。

两相触电是指人体同时接触带电设备或线路中的两相导体，或在高压系统中，人体同时接近不同相的两相带电导体而发生电弧放电，电流从一相导体通过人体流入另一相导体，构成一个闭合回路的触电方式。发生两相触电时，作用于人体上的电压等于线电压。

当电气设备发生接地故障，接地电流通过接地体向大地流散，在地面上形成电位分布时，若人在接地短路点周围行走，其两脚之间的电位差，就是跨步电压。由跨步电压引起的人体触电称跨步电压触电。

电气作业事故主要表现形式为触电，对人体造成电击或电伤。

（1）电击。电击是电流对人体内部造成的伤害，是触电事故中最危险的一种，是造成触电者死亡的最主要原因。电击时，由于电流通过人体，作用于心脏、中枢神经系统、肺部等，影响其正常功能，极易造成危及生命的伤害。遭受电击后，在人体外表一般没有显著的伤痕，有时甚至找不到电流进出人体的痕迹，可见电击易伤害人体内部。作用于人体的电流强度，与电压的高低、电阻的大小、电流的种类、通电时间、通电方式、身体状态等密切相关。

（2）电伤。电伤是电流的热效应、化学效应、机械效应等对人体所造成的伤害。此伤害多见于身体的外部，往往在身体表面留下疤痕。能够形成电伤的电流通常比较大。电伤属于局部伤害，其危险程度决定于受伤面积、受伤深度、受伤部位等。电伤包括电烧伤、电烙印、皮肤金属化、机械损伤、电光性眼炎等多种伤害，其中的电烧伤是最为常见的电伤，大部分触电事故都有电烧伤现象。电烧伤可分为电流灼伤和电弧烧伤。

3. 电气设备损坏事故

工业企业会大量使用电气设备，电气设备自身安全也是电气作业的重要内容之一。一旦发生电气设备事故，有可能造成电气设备损毁，重要、贵重产品报废，甚至企业停产等严重后果。

4. 电气火灾和爆炸事故

电气火灾和爆炸在火灾和爆炸事故中占很大比例，居各种火灾原因的首位。因电气故障引起的火灾和爆炸事故，不仅会直接造成建筑物和设备的损坏、人身伤亡，而且可能危及电网，造成大面积停电，带来严重的间接后果。

电气火灾和爆炸是由电气引燃源引起的火灾和爆炸。电气装置在运行过程中产生危险温度、电火花和电弧是电气引燃源的主要形式，因此电气线路、开关、熔断器、插座、照明灯具、电动机等都可能引起火灾，甚至爆炸。引发电气火灾的原因详见表3－1。

表3－1　引发电气火灾的原因

类型	原因
电气设备或线路过热	电气设备或线路长期过载。这主要是由于电气设备容量过小或线路的导线截面过细造成的，属于设计或选择不当
	电气设备或线路发生短路故障。其主要原因包括：长期过载；绝缘老化或产品存在质量缺陷；误操作引起短路；小动物误入带电间隔或咬坏设备绝缘，或跨在裸露的两个不同电位的导体造成短路
	电源插头、插座或开关触头接触不良或导线接头松动，导致接触电阻增大，引起过热或电火花
	电气设备的铁芯过热，如铁芯压得不紧，或者外施电压过高
	电气设备散热不良，从而导致设备温度升高
	加热设备使用不当，如电加热设备紧靠易燃物品
电火花或电弧	开关操作可能产生电火花，静电放电也会产生电火花
	短路故障或带负荷拉闸产生电弧
	漏电、接地故障及雷电产生电火花或电弧

电气火灾与其他火灾相比较，具有以下特点：火灾可能带电，火场周围可能存在接触电压和跨步电压；火灾可能产生大量浓烟和有毒气体弥漫在室内；会对电气设备造成二次危害，影响电气设备的安全运行。

5. 雷击事故

雷电是大气中的一种放电现象。雷电具有电流大、电压高的特点，其能量释放出来会形成极大的破坏力。雷击事故的破坏作用主要表现为以下几个方面：

（1）直接雷电产生的放电、二次放电、雷电流的热量会引起火灾和爆炸。

（2）雷电的直接击中、金属导体的二次放电、跨步电压的作用及火灾爆炸的间接作用，都会造成人员伤亡。

（3）强大的雷电流、高电压可导致电气设备被击穿或烧毁。

（4）发电机、变压器、电力线路等遭受雷击，会导致大规模停电事故。

（5）雷击还可直接毁坏建筑物及其构筑物。

6. 静电事故

众所周知，摩擦产生静电，但摩擦只是产生静电的一种方式，而不是唯一方式。所有物质不论是非金属还是金属，也不论是固体、液体还是气体，在一定条件下，都可能发生电子转移，即产生静电。在生产过程中以及操作人员的操作过程中，某些材料的相对运动、接触与分离等原因导致了相对静止的正电荷和负电荷的集聚，就产生了静电。由此产生静电的能量不大，不会直接使人致命，但其瞬时电压可高达数十千伏甚至数百千伏，从而发生放电，产生电火花。

7. 电磁辐射危害

电磁辐射危害是指电磁波形态的能量辐射造成的危害，是由电磁场的能量造成的，在电磁辐射的作用下，人体会因吸收辐射能量而受到不同程度的伤害。电磁辐射对人体的危害具体表现在以下几个方面：

（1）过量的辐射可能引起中枢神经系统的功能障碍，出现神经衰弱症候群等临床症状。

（2）可造成自主神经系统紊乱，出现心律或血压异常，如心动过缓、血压下降或心动过速、血压升高等。

（3）可引起眼睛损伤，造成晶体浑浊，严重时导致白内障等。

三、电气事故预防技术

1. 直接接触电击预防技术

（1）绝缘。绝缘是指用绝缘材料将带电体隔离，实现带电体之间、带电体与物体之间的电气隔离，使设备能长期安全、正常地工作。同时，它可以防止人体触及带电部分，避免发生触电事故。绝缘在电气安全中有着十分重要的作用，良好的绝缘是设备和线路正常运行的必要条件，也是防止触电事故的重要技术之一。

绝缘材料的主要作用是对带电或不同电位的导体进行隔离，使电流按照确定线路流动。绝缘材料的种类有很多，常用的见表 3－2。

表 3－2　　常用的绝缘材料

种类	绝缘材料
气体绝缘材料	空气、氮、氢、二氧化碳等
液体绝缘材料	绝缘矿物油、十二烷基苯、聚丁二烯、硅油等
固体绝缘材料	绝缘树脂漆、纸板等绝缘纤维制品，漆布、漆管和绑扎带等绝缘浸渍纤维制品，绝缘云母制品，电工用薄膜、复合制品和胶带，电工用塑料盒橡胶、玻璃、陶瓷等

绝缘材料经过一段时间的使用会发生绝缘破坏。绝缘材料除因在强电场作用下被击穿而遭到破坏外，自然老化、电化学击穿、机械损伤、潮湿、腐蚀、热老化等也会降低其绝缘性能或导致绝缘破坏。

绝缘材料承受的电压超过一定数值时，电流穿过绝缘体而发生放电现象称为电击穿。气体绝缘材料在击穿电压消失后，绝缘性能一般可恢复；液体绝缘材料被多次击穿后，将严重降低绝缘性能；固体绝缘材料被击穿后，就不能再恢复绝缘性能。

在长时间存在电压的情况下，由于绝缘材料的自然老化、电化学作用、热效应作用，使其绝缘性能逐渐降低，这样电压并不是很高也会造成电击穿。所以绝缘材料须定期检测，保证电气绝缘的安全可靠。

（2）屏护。屏护是指采用遮栏、围栏、护罩、箱匣、护盖或隔离板等把带电体同外界隔离开来，以防止人体触及或接近带电体所采取的一种安全技术措施。除防止触电的作用外，有的屏护装置还能起到防止电弧伤人、防止弧光短路或便于检修等作用。配电线路和电气设备的带电部分，如果不便加包绝缘或者绝缘不足以保证安全，就可以采用屏护措施。屏护的种类详见表 3－3。

表 3－3　　屏护的种类

种类	说明
屏蔽	属于一种完全防护
障碍	属于一种不完全防护，只能防止人体无意识触及或接近带电体，而不能防止有意识移开、绕过或翻越该障碍物触及或接近带电体
永久性屏护装置	例如配电装置的遮栏、开关的罩盖等
临时性屏护装置	例如检修工作中使用的临时屏护装置或临时设备的屏护装置等
固定屏护装置	例如母线的护网
移动屏护装置	例如天车的滑线屏护装置

使用屏护装置时，应注意以下事项：

1）屏护装置应与带电体之间保持足够的安全距离。

2）被屏护的带电部分应有明显标志，标明规定的符号或涂上规定的颜色。

3）遮栏、栅栏等屏护装置上应有明显的标志，如挂上“止步，高压危险！”“禁止攀登，高压危险！”等标示牌，必要时还应上锁。标示牌应由现场担负电气作业安全责任的人员进行布置和撤除。

4）遮栏出入口的门上应根据需要装锁，或采用信号装置、联锁装置。前者一般是用灯光或仪表指示有电；后者是采用专门装置，当人体超过屏护装置而可能接近带电体时，被屏护的带电体将会自动断电。

（3）安全间距。安全间距是指带电体与地面、带电体与其他设备和设施、带电体与带电体之间必须保持的距离。

不同电压等级、不同电气设备、不同安装方式、不同周围环境所需要的安全间距不同。安全间距除了方便操作以外，还能起到的作用有：防止人体触及或接近带电体造成触电事故；避免车辆或其他器具碰撞或过分接近带电体造成事故；防止火灾、过电压放电及各种电路短路事故。

1）线路安全间距。不同环境和条件下的线路安全间距不同，线路安全间距必须严格按照相关标准规程执行。

2）用电设备安全间距。明装的车间低压配电箱底口距地面的高度可取 1.2 m，暗装的可取 1.4 m，明装的电度表板底口距地面的高度可取 1.8 m；常用开关电器的安装高度为1.3～1.5 m；开关手柄与建筑物之间应保留150 mm的距离；起重机至线路导线之间的最小距离，低于或等于1 kV者不应小于1.5 m，1～10 kV者应不小于2 m。

3）检修安全间距。低压操作时，人体及所携带工具与带电体之间的距离不得小于1 m。高压作业的最小间距见表3－4。

表3－4　高压作业的最小间距　　单位：m

类别	电压等级	
	10 kV	15 kV
无遮栏作业，人体及所携带工具与带电体之间（距离不足时，应装设临时遮栏）	0.7	1.0
无遮栏作业，人体及所携带工具与带电体之间（用绝缘棒操作）	0.4	0.6
线路作业，人体及其所携带工具与带电体之间	1.0	2.5
带电水冲洗，小型喷嘴与带电体之间	0.4	0.6
喷灯或气焊火焰与带电体之间	1.5	3.0

2. 间接接触电击预防技术

（1）IT系统。IT系统即保护接地系统，如图3－1所示，其中，L1、L2、L3是相线，N是中性点，Z是配电网对地绝缘阻抗，R_P是人体电阻，R_W是保护接地电阻。IT系统是将电气设备在故障情况下可能呈现危险电压的金属部位经接地线、接地体同大地紧密地连接起来，其安全原理是把故障电压限制在安全范围以内。IT系统中的字母I表示配电网不接地或经高阻抗接地，字母T表示电气设备外壳接地。

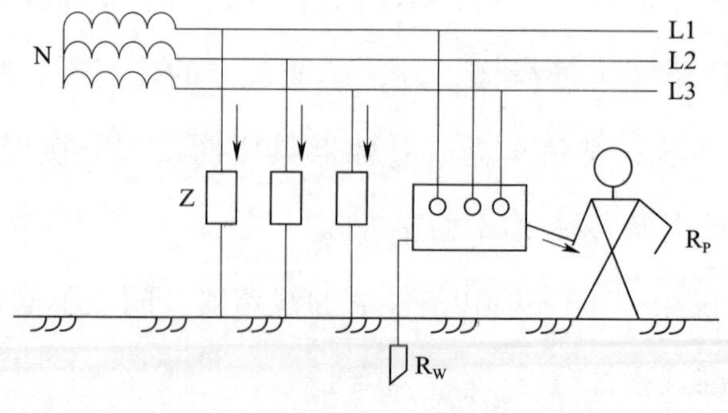

图3－1　IT系统

IT系统的接地功能是通过接地装置实现的。接地装置包括引线在内的埋设在地中的一个或一组金属体（包括水平埋设或垂直埋设的金属接地极、金属构件、金属管道、钢筋混凝土构筑物基础、金属设施等）。接地电阻反映接地装置流散电流和稳定电位能力的高低及保护性能的好坏，其值越小则保护性能越好。

（2）TT 系统。TT 系统是指将电气设备的金属外壳直接接地的保护系统，是一种中性点直接接地系统。如图 3－2 所示，中性点的接地 R_N叫作工作接地，中性点引出的导线叫作中性线（也叫作工作零线）。TT 系统中的第一个字母 T 表示电力系统中性点直接接地；第二个字母 T 表示负载设备外露不与带电体相接的金属导电部分与大地直接连接。TT 系统配电线路内，由同一接地故障保护电路的外露可导电部分用 PE 线连接，并应接至共用的接地极上。当有多级保护时，各级宜有各自独立的接地极。

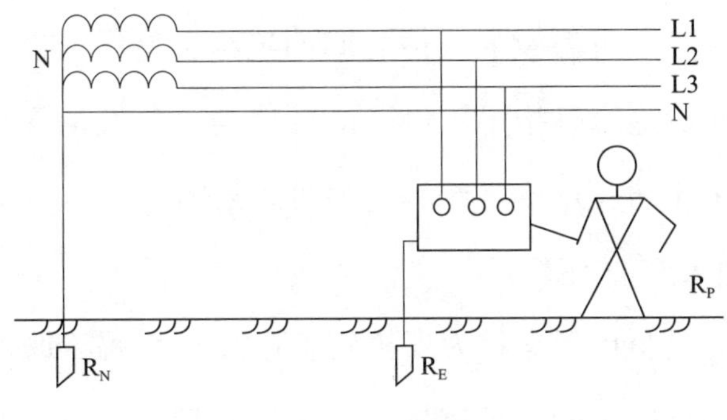

图 3－2　TT 系统

TT 系统也能大幅度降低漏电设备上的故障电压，但一般不能降低到安全范围内。因此，采用 TT 系统必须装设漏电保护装置或者过电流保护装置，且优先采用前者。

（3）TN 系统。TN 系统就是传统的保护接零系统，当故障使电气设备金属外壳带电时，形成相线和零线短路，回路电阻小、电流大，能使熔丝迅速熔断或保护装置动作切断电源。典型的 TN 系统如图 3－3 所示。

图中 PE 为保护零线。TN 系统中的字母 N 表示电气设备在正常情况下不带电的金属部分与配电网中性点之间，亦即与保护零线之间直接连接。保护接零的安全原理是当某相带电部分碰到设备外壳时，形成该相对零线的单相短路；短路电流促使线路上的短路保护元件迅速动作，从而把故障设备电源断开，消除电击危险。虽然

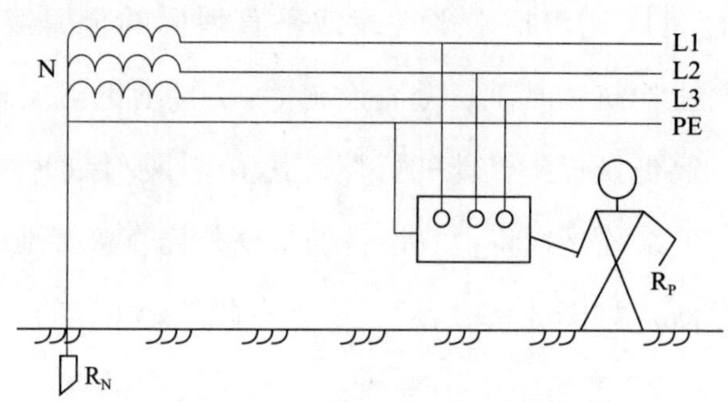

图 3－3　典型的 TN 系统

保护接零也能降低漏电设备上的故障电压，但一般不能使其降低到安全范围以内。

3. 其他电击预防技术

（1）双重绝缘。双重绝缘是指同时具备工作绝缘和保护绝缘的绝缘。其中，工作绝缘是指带电体与不可触及的导体之间的绝缘，是保证设备正常工作和防止电击的基本绝缘；保护绝缘是指不可触及的导体与可触及的导体之间的绝缘，是当工作绝缘损坏后用于防止电击的绝缘。另外，还有一种加强绝缘，是具有与上述双重绝缘相同水平的单一绝缘。

（2）特低电压。特低电压又称为安全特低电压，是属于既能防范直接接触电击，也能防范间接接触电击的防护措施。其防护原理是：通过对系统中可能会作用于人体的电压进行限制，从而使触电时流过人体的电流受到抑制，将触电危险性控制在安全范围内。

我国国家标准规定了对应安全特低电压的系列，其额定值的等级为 42 V、36 V、24 V、12 V 和 6 V，具体根据使用环境、人员和使用方式等因素确定。例如特别危险环境中使用的手持电动工具应使用 42 V 特低电压；有电击危险环境中使用的手持照明灯和局部照明灯应采用 36 V 或 24 V 特低电压；金属容器内、隧道内、水井内以及周围有大面积接地导体等工作地点的狭窄水下作业等场所应采用 6 V 特低电压。

（3）电气隔离。电气隔离是指将电源与用电回路作电气上的隔离，即将用电的分支电路与整个电气系统隔离，使之成为一个在电气上被隔离的、独立的不接地安全系统，以防止在裸露导体故障带电情况下发生间接触电危险。

（4）漏电保护装置。漏电保护装置也叫作剩余电流保护装置，是一种保护人身及设备安全的重要电器，其主要作用就是防止人身触电。当设备漏电时，漏电保护装置在极短的时间内，能自动切断电源，预防触电事故。

第二节　机械伤害事故预防

一、机械伤害事故的种类

1. 机械设备的零部件旋转造成的伤害

机械设备是由许多零部件构成的，有的零部件是固定不动的，有的零部件则需要做各种形式的运动，而最多、最常见的运动形式是旋转运动。例如，机械设备中的齿轮、带轮、滑轮、卡盘、轴、光杠、丝杠、联轴器等零部件都是做旋转运动的。旋转运动造成人身伤害的主要形式是绞伤和物体打击伤。

2. 机械设备的零部件直线运动造成的伤害

例如，锻锤、冲床、剪板机的施压部件、牛头刨床的床头、龙门刨床的床面，以及桥式起重机大车机构、小车机构和升降机构等，都是做直线运动的。直线运动的零部件造成人身的伤害主要形式有压伤、砸伤、挤伤等。

3. 刀具造成的伤害

例如，车床上的车刀、铣床上的铣刀、钻床上的钻头、磨床上的磨轮、锯床上的锯条等都是加工零件用的刀具。刀具在加工零件时造成的人身伤害主要有割伤、刺伤、烫伤等。

4. 被加工的零件造成的伤害

机械设备在对零件进行加工的过程中，正在被加工的零件有可能对人身造成伤害，这类伤害事故主要有：

（1）被加工的零件固定不牢而被甩出打伤人，例如车床卡盘夹不牢，在旋转时就会将零件甩出伤人。

（2）被加工的零件在吊运和装卸过程中，可能造成砸伤。特别是笨重的大零件更需要加倍注意，因为当它们吊不牢、放不稳时，就会坠下或者倾倒，将人的手、脚、胳膊、腿甚至整个人砸倒、压倒而造成重伤、死亡。

5. 电气系统造成的伤害

现代机械设备的动力绝大多数是电能，因此每台机械设备都有自己的电气系统，主要包括电动机、配电箱、开关、按钮、局部照明灯、电焊机等。电气系统对人身的伤害形式主要是电击或电伤。

6. 手动工具造成的伤害

在机械设备上进行操作时，有时候需要使用某些手动工具，如锤子、扁铲、锉刀、手锯等。未正确使用手动工具，很容易造成人身伤害事故。

当用锤子敲打时，锤子的锤头若有卷边或毛刺，可能被击掉飞出打伤人。锤子的手柄一定要安装牢固，否则，锤头也可能飞出伤人。扁铲的刃部非常锋利，因此在使用时前方不准站人，以免铲刃或铲出的铁渣、铁屑飞出伤人。使用没有木柄的锉刀有刺伤手心或手腕的危险。手锯的锯条过紧或过松、使用时用力过大、往返用力不均匀等，均会造成锯条折断伤人。

7. 中毒或窒息

有些机械设备设置在封闭或半封闭的作业场所，由于此类场所通风不良，且内部可能存在易燃易爆或有毒有害物质，因此使场所内的环境空气质量达不到安全作业标准，作业人员在这些场所内作业有导致中毒或窒息的风险。

8. 其他伤害

机械设备操作过程中往往伴随着大量噪声，不仅会使人烦躁，同时还会给人带来生理、心理上的伤害。如果人们长期在强噪声的环境中作业，会使内耳听觉组织受到损伤，造成暂时性听力损失或永久性听力损失。暂时性听力损失是因为短时间处在高噪声区域，导致听力阀值的提高，此时离开噪声源后，经过一段时间其听力可恢复至正常水平。但永久性听力损失一旦发生，则听力很难恢复至其原先的状态。

机械设备除了能造成上述人身伤害外，还可能造成其他伤害。例如，有的机械设备在使用时伴随着强光、高温，还有的会产生化学能、辐射能以及尘毒危害物质等，这些对人体的健康都可能造成伤害。

二、机械伤害事故原因分析

机械都是由人设计、制造、安装的，在使用中也是由人操作、维护和管理的，因此造成机械伤害事故最根本的原因最终可以追溯到人。机械伤害事故的原因通常可分为直接原因和间接原因。

1. 直接原因

（1）操作者的不安全行为。这些不安全行为可能是有意的也可能是无意的。常见的不安全行为有很多，例如操作者操作错误、忽视安全、忽视警告，主要包括：未经许可开动、关停、移动机器；开动、关停机器时未给信号；开关未锁紧，造成意外转动；忘记关闭设备；忽视警告标识、警告信号，操作错误（如按错按钮，阀门、扳手、把柄的操作方向相反）；供料或送料速度过快，机械超速运转；无意或有意的不安全行为以及违章指挥、违规作业、违反劳动纪律等；未使用或未正确使用劳动防护用品，如防护服、手套、护目镜及面罩、呼吸器官护具、安全带、安全帽、安全鞋等。

（2）机械的不安全状态。机械的不安全状态是常见的事故隐患，发现后需立即处理，危及操作者安全的应立即停止使用并报告给相关负责人。机械常见的不安全状态有机械设备的防护、安全保险、信号等装置缺乏或有缺陷，无防护罩、无安全保险装置、无报警装置、无安全标志、无护栏或护栏损坏、设备电气未接地、绝缘不良、无限位装置等。

2. 间接原因

间接原因是事故发生的更深层次的原因，它体现着事故的根源和本质，要想减少事故的发生，需要针对间接原因采取根本上的整改措施。机械伤害事故常见的间接原因包括技术和设计上的缺陷、教育培训不够、管理缺陷、对安全生产工作不够重视等。

（1）技术和设计上的缺陷。这方面的间接原因主要体现在工业构件、建筑条件（如室内照明、通风）、机械设备、仪器仪表、工艺过程、操作方法、维修检验等的设计和材料使用等方面存在的问题。

（2）教育培训不够。这方面的间接原因主要体现在作业人员未经培训上岗、业务素质低、缺乏安全知识和自我保护能力、不懂安全操作技术、操作技能不熟练、作业时注意力不集中、工作态度不端正、受外界影响而情绪波动、不遵守操作规程等。

（3）管理缺陷。这方面的间接原因主要体现在劳动制度不合理、规章制度执行不严、对现场工作缺乏检查或指导错误、无安全操作规程或安全操作规程不完善、缺乏安全监督等。

（4）对安全生产工作不够重视。这方面的间接原因主要体现在安全生产组织机构不健全，没有建立或落实安全生产责任制，没有或不认真实施事故防范措施，对事故隐患调查、整改不力等。

三、机械伤害事故预防的安全要求

1. 机械设备布局的安全要求

机械设备的布局要合理，应便于操作人员装卸工件，便于加工、观察和清除杂物，同时也应便于维修人员的检查和维修。同时，机械设备零部件的强度、刚度应符合安全要求，安装应牢固，不得经常发生故障。机械设备根据有关安全要求，必须装设合理、可靠、不影响操作的安全装置。例如：对于做旋转运动的零部件，应装设防护罩或防护挡板、防护栏杆等安全防护装置，以防发生人身绞伤事故；对于超压、超载、超温度、超时间、超行程等可能发生危险事故的零部件，应装设保险装置；对于某些动作需要对人们进行警告或提醒注意时，应安装信号装置或警告标识等；对于某些动作顺序不能颠倒的零部件，应装设联锁装置；机械设计布局过程中，设计供电的导线必须正确安装，不得有任何破损或裸露的地方；机械电动机绝缘应良好，其接线板应有盖板防护，以防直接接触。

2. 机械设计的安全要求

进行机械设计时，应选用适当的设计结构，以避免或减少危险。

（1）进行机械设计时，应避免锐边、尖角和凸出部分。在不影响预定使用功能的前提下，机械设备及其零部件应尽量避免设计成会引起人身损伤事故的锐边和尖角，粗糙的、凸凹不平的表面以及较凸出的部分。

（2）遵循安全距离的原则。利用安全距离防止人体触及危险部位或进入危险区，是降低或消除机械危险的一种方法。保持一定的安全距离，能够起到隔离危险有害因素的作用，当发生意外情况时，能够减轻人员、设备受到的损害。

（3）限制有关危险有害因素的物理量。在不影响使用功能的情况下，根据各类机械的不同特点，限制某些危险有害因素的物理量来减少危险。例如，将操纵力限制到最低值，使操作件不会因破坏而产生机械危险；限制运动件的质量或速度，以减少运动件的动能；限制机械设备产生的噪声和振动等。

（4）使用本质安全工艺过程和动力源。对于在火灾爆炸危险场所中运行的机械设备，应采用全气动或全液压控制系统和操纵机构或采用本质安全型电气装置，也可采用电压低于安全特低电压的电源，防止由于机械操作而引起火灾爆炸事故。制造机械设备时，应选择无毒或低毒的材料、燃料和加工材料，以保障操作人员的身体健康。

（5）在机械设计中，应充分执行安全人机工程学原则，合理分配人机功能，考虑适应人体特性，科学进行人机界面设计，对作业空间科学布置，以提高机器的操作性能和可靠性，使操作者的体力消耗和心理压力尽量降低，从而减少操作差错。

（6）设置有效的控制系统。机械在使用过程中，出现危险工况时，控制系统应能够有效地控制险情，防止发生事故。机械典型的危险工况有意外启动、速度变化失控、无法停止运动、运动零部件掉下或飞出、安全装置的功能受阻等。控制系统的设计应考虑各种作业的操作模式或采用故障显示装置，使操作者可以及时做出安全干预的措施。

3. 控制危险有害因素的措施

（1）预防机械伤害的措施。通常采用设置机械安全防护来预防机械伤害。机械安全防护是指通过采用安全装置、防护装置或其他手段，防止机械在运行时产生各种对人员的接触伤害。安全防护的重点是机械的传动部分、操作区、高处作业区、其他运动部分，移动机械的移动区域，以及某些机械由于特殊危险形式需要采取的特殊防护等。

1）安全防护装置的设置位置。以操作人员所站立的平面为基准，高度在 2 m 及以内的各种运动零部件应设安全防护装置；高度在 2 m 以上，物料传输装置、皮带传动装置以及机械施工处的下方，应设置安全防护装置。

2）安全防护装置的一般要求。安全防护装置必须满足与其保护功能相适应的安全技术要求，其结构和布局设计应合理，具有切实的保护功能，以确保人身不受到伤害；安全防护装置表面应光滑、无尖棱利角，不增加任何附加危险，不应成为新的危险源；安全防护装置应不容易被绕过或避开，不应出现漏保护区；安全防护装置的设置应不影响正常操作，不得与机械的任何可动零部件接触。

3）安全防护装置的选择。选择安全防护装置应考虑所涉及的机械危险和其他非机械危险，根据运动件的性质和人员进入危险区的需要进行决定。操作者不需要进入危险区的场合，应优先考虑选用固定式防护装置，包括进料、取料装置，辅助工作台，适当高度的栅栏及通道防护装置等；当操作者需要进入危险区的次数较多，经常开启固定安全防护装置会带来不便时，可考虑采用联锁装置、自动停机装置、自动关闭防护装置等。

（2）预防中毒事故的措施。根据国家标准要求，生产现场应当对生产装置和物料进行控制，采用无毒、低毒的工艺和物料，做好通风和净化，以及加强对有毒介质处理和应急防护措施来预防中毒事故发生。

1）使用的生产装置应密闭化、管道化，尽可能实现负压生产，防止有毒物质泄漏、外逸。生产过程应实行机械化、程序化和自动化控制，以使作业人员不接触或少接触有毒物质，防止误操作造成的中毒事故。

2）应尽可能以无毒、低毒的工艺和物料代替有毒、高毒的工艺和物料，这是一种防中毒事故的根本性措施，如应用水溶性涂料的电泳漆工艺，无铅字印刷工艺，无氰电镀工艺，用甲醛脂、醇类、丙酮、醋酸乙酯、抽余油等低毒烯料取代含苯烯料，以锌钡白、钛白代替油漆颜料中的铅白，使用无汞仪表避免生产、维护、修理时的汞中毒等。

3）机械设备的控制及操作系统，应做好通风和净化。当受技术、经济条件限制，仍然存在有毒物质逸散且自然通风不能满足要求时，应设置必要的机械通风排毒（排放）、净化装置，使工作场所空气中有毒物质浓度限制在规定的最高容许浓度值以下。机械通风排毒主要有全面通风、局部排风、局部送风三种方式。在生产作业条件不能使用局部排风或有毒作业点过于分散、流动时，应采用全面通风的方式。

4）对排出的有毒气体、液体、固体应经过相应的净化装置处理，以达到环境保护排放标准，常用的净化方法有吸收法、吸附法、燃烧法、冷凝法、稀释法及化学处理法等，对有回收利用价值的有毒有害物质应经回收装置处理。

5）对可能泄漏有毒物质的设备和工作场所，必须设置可靠的事故处理装置和应急防护设施，如在有毒物质生产场所设置有毒物质事故安全排放装置、自动检测报警装置、事故排毒联锁装置等。

（3）预防窒息事故的措施。窒息事故主要发生在易缺氧的工作环境，最具有代表性的环境是有限空间，即进出受限、通风不良，可能存在易燃易爆、有毒有害物质或缺氧，对进入人员的身体健康和生命安全构成威胁的封闭、半封闭设施或场所。在有限空间内作业需遵循“先通风、后检测、再进入”的基本原则，确保工作环境空气中的氧气体积分数大于 19. 5% 和有害气体浓度达到标准限值后，在密切监护下才能实施作业；对氧气、有害气体浓度可能发生变化的作业场所，应配备氧气浓度和有害气体浓度检测仪器、报警仪器、隔离式呼吸保护器具；在作业前 30 分钟应进行气体检测，作业过程中应定时或连续检测，从而保证作业安全。

（4）粉尘危害防范措施。在生产现场中可能存在各类粉尘，许多粉尘在形成之后，表面往往还能吸附其他的气态或液态有害物质，成为其他有害物质的载体。长期处于粉尘作业环境会严重影响作业人员的身心健康。在粉尘危害严重的作业场所，作业人员应佩戴防尘口罩或面具。

（5）噪声危害控制措施。工业企业应采用低噪声工艺及设备，合理平面布置，采取隔声、消声、吸声等综合技术措施控制噪声危害。

第三节　焊接与切割作业事故预防

一、焊接与切割概述

1. 焊接概述

焊接是指通过加热、加压或两者并用，使两个同种或异种工件产生原子间结合的加工工艺和连接方式。焊接应用广泛，既可用于金属也可用于非金属。按照焊接过程中金属所处的状态及工艺的特点，可以将焊接方法分为熔化焊、压力焊和钎焊三大类。

熔化焊是利用局部加热的方法将连接处的金属加热至熔化状态而完成的焊接方法。在加热的条件下，增强了金属原子的动能，促进原子间的相互扩散。当被焊接金属加热至熔化状态形成液态熔池时，原子可以充分扩散和紧密接触，冷却凝固后即可形成牢固的焊接接头。常见的气焊、电弧焊、电渣焊、气体保护焊、等离子弧焊等均属于熔化焊类方法。

压力焊，顾名思义是利用焊接时施加一定压力而完成焊接的方法。这类焊接有两种形式：一是将被焊接金属的接触部分加热至塑性状态或局部熔化状态，然后施加一定压力，使其相互结合形成牢固的焊接接头，如锻焊、接触焊、摩擦焊和气压焊等；二是不进行加热，仅在被焊接金属的接触面上施加足够大的压力，借助于压力所引起的塑性变形，以使原子间相互接近而获得牢固的挤压接头，如冷压焊、爆炸焊等。

钎焊是指把比被焊接金属熔点低的钎料金属加热熔化至液态，然后使其填充到被焊接金属接缝的间隙中而使其连接的方法。钎焊时被焊接金属处于固体状态，工件只适当地进行加热，没有受到压力的作用，仅依靠液态钎料金属与固态被焊接金属之间的原子扩散而形成牢固的焊接接头。钎焊是一种古老的金属永久连接工艺，但由于钎焊的金属结合机理与熔焊和压力焊是不同的，并且具有一些特殊的性能，所以在现代焊接技术中仍占有一定的地位。常见的钎焊方法有烙铁钎焊、火焰钎焊和感应钎焊等。

2. 切割概述

（1）热切割。利用热能使金属材料分离的工艺称热切割。热切割主要有以下两种方法。

1）将金属材料加热到尚处于固相状态时进行的切割，目前应用最为广泛的是气割。

气割是利用气体燃烧的火焰将钢材的切割处加热到着火点（此时金属尚处于固态），然后切割处的金属在氧气射流中剧烈燃烧，而将切割件分离的加工工艺。常用氧—乙炔火焰作为气体火焰，也称氧—乙炔气割。

可燃气体亦可采用液化石油气、雾化汽油等。

2）将金属材料加热到熔化状态时进行的切割，亦称熔割。目前广泛应用的是电弧切割，是利用电弧热量熔化切割处的金属以实现切割的方法，此外还有氧气（或空气）电弧切割、碳弧切割、等离子弧切割、激光切割等。

（2）冷切割。冷切割是在分离金属材料过程中不对材料进行加热的切割方法。目前应用较多的是高压水射流切割，其原理是将水增压至超高压（100～400 MPa）后，经节流小孔（0.15～0.4 mm）流出，使水压势能转变为射流动能（流速高达900 m/s），用这种高速高密集度的水射流进行切割。磨料水流切割则是往水射流中加入磨料粒子，其射流动能更大，切割效果更好。

切割工艺在生产中有广泛的应用，如备料、改材料尺寸与形状、切割铸件的浇冒口、拆卸旧设备（如解体旧的金属结构、旧的船只）等。

二、焊接与切割作业事故的种类

1. 火灾、爆炸事故

火灾、爆炸是焊接与切割作业中容易发生的事故。焊接与切割作业中发生火灾、爆炸事故的主要原因有如下几个方面。

（1）在焊接与切割作业时，尤其是气体切割作业时，压缩气流的喷射，使火星、熔珠和铁渣四处飞溅引燃易燃易爆物品。

（2）在高处进行焊接与切割作业时，对火星所及的范围内有易燃易爆物品未清理干净，或作业结束后未认真检查是否留有火种，造成火灾、爆炸事故隐患。

（3）工作前未按要求检查焊（割）炬、橡胶管路和乙炔发生器的安全装置，造成火灾、爆炸事故隐患。

（4）气瓶存在制作方面的安全缺陷，其保管、充灌、运输、使用等方面存在违反安全操作规程的行为导致火灾、爆炸事故。

（5）乙炔、氧气等管道的制作、安装有缺陷，使用中未及时发现和整改其事故隐患。

（6）在焊补燃料容器和管道时，未按要求采取相应安全措施。在实施置换焊补时，置换不彻底；在实施带压不置换焊补时，压力不足致使外部明火导入等均会导致火灾、爆炸事故。

（7）气焊、气割所使用的乙炔是易燃易爆气体，其容器如有泄漏极易导致火灾、爆炸事故。

（8）在焊接与切割作业过程中经常会遇到回火，回火会造成乙炔发生器发生强烈火灾、爆炸事故。

（9）电焊时会产生电弧，电弧的热传导、热扩散也具有引发火灾、爆炸事故的可能。

2. 触电事故

在使用电焊机进行焊接作业过程中，电焊机的电线由于长期在地上被拖拉等原因，致使绝缘层可能损坏破裂，容易发生漏电、触电事故，甚至导致高处坠落等二次事故。触电是熔化焊与热切割作业中易发生的事故之一，主要包括电击、电伤两种形式。

3. 高温伤害事故

焊接作业过程中产生的高温容易造成人身灼伤、热虚脱和中暑等伤害。

（1）灼伤。因焊接作业过程中会产生电弧、金属熔渣，如果焊工焊接时没有穿戴好专用的防护工作服、手套和鞋，尤其是在高处进行焊接作业时，易造成焊工自身或作业面下方其他作业人员皮肤被灼伤。

（2）热虚脱和中暑。热虚脱和中暑是在炎热环境下工作常见的病症。通常焊接作业时，作业人员需要穿防护服，这样在炎热夏季更容易导致热虚脱和中暑的发生。

4. 弧光伤害

在焊接作业过程中，电焊机两极之间的电弧放电（俗称电弧），将产生强烈的弧光，同时弧光还会产生高热和弧光辐射。焊接弧光辐射主要包括可见光、红外线和紫外线。电弧可见光比人肉眼可承受的光亮度高近万倍，极易使眼睛疲劳。弧光辐射作用在人体上，被体内组织吸收，易引起组织的热作用、光化学作用或电离作用，造成人体组织急性或慢性损伤。如果未戴焊接防护眼镜、面罩或佩戴不当，焊接弧光的紫外线、红外线、可见光过度照射会导致眼睛患电光性眼炎、白内障等眼病，严重时能导致失明。

5. 粉尘和有毒有害气体危害

在焊接作业过程中会产生粉尘和有毒有害气体，直接影响着焊工的身体健康，易引起尘肺病、血液疾病、慢性中毒、皮肤病等职业病。

6. 噪声危害

在等离子弧喷枪内，由于气流因压力造成起伏、振动和摩擦，并从喷枪口高速喷射出来，就产生了噪声。噪声的强度与成流气体的种类、流动速度、喷枪的设计以及工艺性能等有密切关系。

噪声对人体的影响和危害是多方面的，不仅可使人们的听觉系统受损，还会对人体的神经系统、心血管系统等产生不良的影响，可导致神经衰弱症、心血管疾病、消化系统及内分泌系统功能紊乱等。焊接作业时的噪声有时可高达100 dB，长时间在高噪声环境下作业，若未正确佩戴听力防护用品，有可能会引起暂时性或永久性听觉障碍。

7. 振动危害

对人体产生危害的振动以局部振动为主。局部振动对人体神经系统、心血管系统、肌肉和骨关节及听觉器官都会造成损害，可能引起血压、心律和脑血管血流图异常，容易造成疲劳、注意力分散、骨节变形、骨质增生或骨质疏松、听力下降及神经衰弱等症状；长期受强烈局部振动影响，还可能引起肢端血管痉挛，上肢周围神经末梢感觉障碍等。全身振动一方面可以出现局部振动病症状，另一方面还可能出现眩晕、呕吐、恶心、耳聋、胃下垂、焦虑等症状。

8. 高处与水下作业危害

凡距坠落高度基准面2 m及以上有可能坠落的高处进行的作业，均称为高处作业，存在的主要危险是坠落。我国将高处作业列为危险作业，并分为四级。高处焊接与切割作业是将高处作业和焊接与切割作业的危险因素叠加起来，增加了危险性，其主要危害是坠落、触电、烫伤、火灾、爆炸和物体打击等。

水下焊接与切割作业的特点是电弧或气体火焰在水下使用，与在大气中焊接与切割或一般的潜水作业相比，具有更大的危险性。水下焊接与切割作业常见事故有触电、爆炸、烧伤、烫伤、溺水、砸伤、潜水病或窒息等。

三、焊接与切割作业安全要求

1. 动火作业安全管理

为了防范焊接与切割作业过程中发生火灾、爆炸事故，主要的安全管控措施如下：

（1）动火作业前应清除作业现场及周围的易燃易爆物品，或采取其他有效安全防火措施，并配备消防器材，满足作业现场事故应急需求。

（2）距动火点 30 m 范围内不应排放可燃气体，距动火点 15 m 范围内不应排放可燃液体，距动火点 10 m 范围内的上方、下方不得进行有机溶剂清洗作业，距动火点 10 m 范围内若存在可燃粉尘不得进行粉尘清洗作业。

（3）应使用符合国家有关标准、规程要求的气瓶，在气瓶的储存、运输、使用等环节应严格遵守安全操作规程。

（4）操作人员和检查人员应进行专门的安全技术培训后，方能进行安装、使用和管理相关作业。

（5）动火执行人必须严格遵守安全操作规程，检查动火工具，确保其符合安全要求。未经申请动火、没有动火作业票、超越动火范围或超过规定的动火时间，动火执行人应拒绝动火作业。

（6）动火作业应指派专人进行现场监护，监护人员在动火期间不得离开作业现场。

（7）在可能释放出易燃易爆、有毒有害物质的设备上或设备内部进行动火作业时，作业前应进行风险分析，并采取有效的事故防范措施。必要时应连续检测气体浓度，发现气体浓度超限报警时，应立即停止作业。在较长的物料管线上动火，动火前应彻底隔绝动火区域，并在动火区域内分段采样分析。

2. 电焊的安全措施

（1）电焊机外壳必须接地良好，其电源的拆装应由持证电工进行。

（2）电焊机要设单独的开关，开关应放在防雨的闸箱内，拉合时应戴绝缘手套侧向操作。

（3）焊钳与把线必须绝缘良好、连接牢固，更换焊条应戴绝缘手套。在潮湿地点工作，应站在绝缘胶板或木板上。

（4）把线、地线禁止与钢丝绳接触，更不得用钢丝绳或机电设备代替零线。所有地线接头，必须连接牢固。

（5）更换场地需要移动把线时，应切断电源，并不得手持把线爬梯登高。

（6）严禁在带压力的容器或管道上施焊，焊接带电的设备必须先切断电源。

（7）焊接储存过易燃易爆、有毒有害物品的容器或管道，必须将其清洗干净，并将所有孔口打开。

（8）焊接预热工件时，应有石棉或挡板等隔热措施。

（9）焊补燃料容器和管道时，应结合实际情况确定焊补方法。实施置换法时，置换应彻底，作业中应严格控制可燃物质的含量。

（10）在密闭金属容器内施焊时，容器必须可靠接地，通风良好，并应有人监护，严禁同时向容器内输入氧气。

（11）电弧焊所用的工具必须安全绝缘，所用设备必须有良好的接地装置，作业人员应穿绝缘胶鞋，戴绝缘手套。

（12）为了防止电弧焊作业中的辐射伤人，作业人员必须戴防护面罩、穿防护服。

（13）严禁在起吊部件的过程中，边吊边焊。

（14）工作结束后，应切断焊机电源，并检查作业现场，确认无火灾隐患后方可离开。

3. 气焊的安全措施

（1）氧气瓶与乙炔气瓶所放的位置，距火源不得小于 10 m，氧气瓶与乙炔气瓶之间的距离不得小于 5 m。

（2）氧气瓶和乙炔气瓶装减压器前，瓶口污物要清除，以免污物进入减压器内。

（3）瓶阀开启要缓慢平稳，以防止气体损坏减压器。

（4）使用乙炔气瓶时，必须配备专用的乙炔减压器和回火防止器。

（5）乙炔气瓶要放在空气流通良好的地方，严禁放在高压线下面，应垂直放置，不得卧放使用。

（6）施工现场附近不得有易燃易爆物品。

（7）装置要经常检查和维修，防止漏气。

（8）氧气瓶、乙炔气瓶在寒冷地区工作时，易被冻结。此时应用温水解冻，不准用火烤，同时也要注意不得放在阳光直射处或高温处。

（9）在点火或作业过程中发生回火时，要立即关闭氧气阀门，随后再关闭乙炔阀门。重新点火前，要用氧气将混合管内的残余气体吹净后才能点火。

（10）停止作业时，必须检查加热器的混合管内是否有窝火现象，待没有窝火时，方可收起加热器。

（11）每变换一次作业地点，都要进行上述检查。

4. 氧气瓶、乙炔气瓶安全事项

（1）氧气瓶在使用过程中应注意以下安全事项：

1）氧气瓶不得与其他气瓶混放，使用时不应将瓶内的气体全部用光。瓶体在高温天气要防止暴晒，严禁用明火烘烤。氧气瓶与焊枪、割枪、炉子等之间的距离应不小于 5 m，与暖气管、暖气片应保持不小于 1 m 的安全距离。氧气瓶不能被油脂污染，在使用时应立放，并应有防止倾倒的措施。氧气瓶使用后要关紧阀门，拆下氧气减压表，严防氧气用完后因既没有关闭阀门又未拆下减压表而造成乙炔倒灌进入氧气瓶内。

2）氧气瓶的阀门严禁加润滑油，严禁私自调换爆破片，运输、储存中必须戴气瓶安全帽并定期检查。

3）安装氧气减压器之前，要略微打开氧气瓶阀门吹除污物，氧气瓶阀喷嘴不能朝向人体方向。在开启氧气瓶阀门前，要先检查调节螺钉是否松开，对于满瓶的氧气瓶阀门不能开得太大，以防止氧气进入高压室时产生压缩热，引燃阀内的胶垫圈。氧气减压器外表涂蓝色，乙炔减压器外表涂白色，两种气体的减压器严禁相互换用。减压器内外均不准有油污，调节螺钉不准涂润滑油。

（2）乙炔气瓶在运输时应严禁拖动、滚动，用小车运送时，要做到轻装轻卸。乙炔气瓶必须直放装车，严禁横向装运，并严禁暴晒、遇明火，禁止和互相起化学反应的物质混放。乙炔气瓶严禁与氧气瓶、氯气瓶以及可燃、易燃物品同车运输。

5．焊炬和割炬的安全操作事项

在气焊和气割过程中，回火现象是指可燃混合气体在焊炬、割炬内燃烧，并以很高的燃烧速度向可燃气体导管里蔓延扩散的一种现象，其结果可以引起气焊和气割设备燃烧、爆炸。为防止回火现象，在作业过程中应做到：焊炬和割炬不要接近熔融金属，焊（割）嘴不能过热，不能被金属熔渣等杂物堵塞，炬阀门必须严密。为防止氧气倒回乙炔管道，乙炔发生器阀门不能开得太小。如果发生回火现象，要立即关闭乙炔发生器和氧气阀门，并将胶管从乙炔发生器或乙炔气瓶上拔下。在气焊和气割作业过程中，要注意以下安全操作事项：

（1）按照工件厚薄，选用一定大小的焊炬或割炬。然后按焊炬或割炬的喷嘴大小，确定氧气和乙炔的压力和气流量。

（2）喷嘴与金属板不能相碰。

（3）喷嘴堵塞时，应将其拆下，用捅针从内向外捅开。

（4）注意垫圈和各环节的阀门等是否漏气。

（5）使用前应将皮管内的空气排除，然后分别开启氧气和乙炔阀门，畅通后才能点火试焊（割）。

（6）焊炬和割炬的各部分不得被油脂粘污。

（7）如焊炬和割炬喷嘴的温度超过400 ℃，应用水冷却。

（8）点火时，应先开启乙炔阀门，点着后再开启氧气阀门。这样做的目的是放出乙炔和空气的混合气体，便于点火和检查气路是否畅通。

（9）乙炔阀门和氧气阀门如有漏气现象，应及时修理。

（10）使用前，在乙炔管道上应装回火防止器。

（11）离开作业岗位时，禁止把燃着的焊炬或割炬放在操作台上。

（12）交接班或停止焊接与切割时，应关闭氧气和回火防止器阀门。

（13）发现皮管被冻结时，应用温水或蒸汽解冻，禁止用火烤，更不允许用氧气吹乙炔管道。

（14）氧气、乙炔用的皮管不要随便乱放，管口不要贴在地面上，以免进入泥土和杂质发生堵塞。

6. “十不焊割”

（1）焊工未经安全技术培训考试合格并取得特种作业操作证，不能焊割。

（2）在重点要害部门和重要场所未采取措施，未经批准并办理动火作业票手续，不能焊割。

（3）在容器内工作，没有 12 V 低压照明、通风不良及无人在场监护，不能焊割。

（4）未经同意，对车间、部门擅自拿来的工件，在不了解其使用情况和构造的情况下，不能焊割。

（5）盛装过易燃易爆气体（液体、固体）的容器或管道，未彻底清洗和处理消除火灾、爆炸危险的，不能焊割。

（6）用可燃材料充作保温层或隔热、隔声设备，未采取切实可靠的安全措施，不能焊割。

（7）有压力的管道或密闭容器，如空气压缩机、高压气瓶、高压管道、带气锅炉等，不能焊割。

（8）施工场所附近有易燃易爆物品，未清除或未采取安全措施，不能焊割。

（9）在禁火区内（防爆车间、危险品仓库附近等）未采取严格隔离等安全措施，不能焊割。

（10）在一定距离内，有与焊割明火操作相抵触的作业（如汽油擦洗、喷漆、灌装汽油等作业，这些作业会排出大量易燃气体），不能焊割。

7. 焊补旧容器的安全事项

焊补储存过汽油、煤油、烧碱、酒精、甲苯等物质的容器，冻结或封闭的管道，停用很久的乙炔发生器桶体等，必须根据具体情况，严格注意下列安全事项：

（1）被焊物必须经过反复多次清洗。

（2）将被焊物所有的孔盖打开。

（3）乙炔管道、回火防止器如果是安装在坑道里面、加盖的明沟下或者地坑的井沟内，由于这些部位都有滞留乙炔和空气混合气的可能性，所以在动火作业前，一定要切断气源，探明有无易燃易爆混合气存在。

（4）作业中还必须考虑到作业人员的行动有无障碍，必须有人监护。

（5）当班动火作业未能完工，下一班或次日再动火时，必须重新确认上述情况，并采取安全措施。

（6）探查有无易燃易爆混合气体存在时，探查人员应做好安全防护措施，确定无危险时，才开始焊补。

（7）作业人员严禁站在动火容器的两端。

（8）焊补作业完毕，要在确认安全的情况下才能充装易燃易爆物，否则有火灾、爆炸的危险。

（9）为了保证安全，可以把被焊容器灌满水或充满氮气后点火焊补。

8. 高处或室内焊接与切割作业安全事项

（1）高处焊接与切割作业的安全事项。高处焊接与切割作业时，除必须严格遵守高处作业安全操作规程和注意人身安全外，还必须防止火花落下或飞溅，风力超过 5 级时应停止露天动火作业。如果高处焊接与切割作业下方有易燃、可燃物，应移开或者隔离保护；如有可燃气体管道，应用湿麻袋、石棉板等隔热材料覆盖。禁止用盛装过易燃易爆物质的容器作为登高垫脚物。焊接与切割设备应远离动火点，并由专人看管。如在楼上作业，应防止火星沿一些孔洞和裂缝落到下面楼层，落下的熔融金属要妥善处理。电焊机与高处焊补作业点的距离要大于 10 m，且应有专人看管，以备紧急情况下立即拉闸断电。

（2）室内焊接与切割的安全事项。在室内作业时，必须将作业场所的内外情况调查清楚，乙炔发生器、氧气瓶、电焊机均不准放在焊接与切割的室内。进行焊接与切割作业时，作业场所必须干燥，要严格检查绝缘防护装备是否符合安全要求，并禁止把氧气通入室内用于调节作业场所的空气。凡在易燃易爆车间动火进行焊接与切割作业，或者采用带压不置换动火法作业，或在容器管道裂缝大、气体泄漏量大的室内进行焊补作业时，必须分析动火点周围不同部位滞留的可燃物含量，确保安全可靠时才能施焊。在焊接与切割作业时，应打开门窗自然通风，必要时采用机械通风，以降低室内可燃气体的浓度，防止形成爆炸性混合气体。

9. 焊接与切割作业的个人防护措施

焊接与切割作业时，应做好个人防护措施，主要是对头、面、眼、耳、呼吸道、手、身躯等方面的安全防护，主要有防尘、防毒、防噪声、防高温辐射、防放射性辐射、防机械外伤和脏污等防护措施。从事焊接与切割作业时，作业人员除应穿戴一般劳动防护用品（如工作服、手套、防护眼镜、口罩等）外，针对特殊作业场合，还应佩戴空气呼吸器（用于密闭容器和不易解决通风的特殊作业场所的焊接与切割作业），防止烟尘危害。对于剧毒场所紧急情况下的抢修焊接与切割作业，应佩戴隔绝式氧气呼吸器，防止急性中毒事故的发生。

为保护焊工眼睛不受弧光伤害，焊接与切割作业时必须使用装有特别防护镜片的面罩，并按照电流强度的不同选用不同型号的滤光镜片。同时，也要考虑焊工视力情况和焊接作业环境的亮度。为防止皮肤受电弧的伤害，焊工宜穿浅色或白色帆布工作服，同时工作服应扎紧袖口、扣好领口，使皮肤尽量不要外露。

对于焊接与切割作业辅助工和作业地点附近的其他作业人员，要注意相互配合，辅助工要戴颜色深浅适中的滤光镜。在多人作业或交叉作业场所从事焊接与切割作业，要采取保护措施，设防护遮板，以防止电弧光刺伤焊工及其他作业人员的眼睛。

10. 焊接与切割作业完成后应进行的安全工作

焊接与切割造成的火灾、爆炸事故，有些往往发生在作业的结尾阶段，或在焊接与切割作业结束后。因此，应做好焊接与切割作业后的安全工作。

（1）坚持做好作业结尾阶段的防火防爆措施。在焊接与切割作业已经结束、安全设施已经撤离后，若发现某一部位还需要进行一些微小工作量的焊接与切割作业时，绝不能麻痹大意，要坚持焊接与切割工作安全措施不落实绝不动火。

（2）对各种设备、容器进行焊接与切割后，要及时检查焊接与切割质量是否达到要求，对漏焊、假焊等缺陷应立即修补好。

（3）焊接与切割作业结束后，必须及时彻底清理作业现场，清除遗留下来的火种，关闭电源、气源，把焊炬、割炬放在安全的地方。

（4）焊接与切割作业场所往往会留下不容易被发现的火种，因此除了作业后要进行认真检查外，交接班时要与下一班作业人员进行安全交底。

（5）焊工所穿的衣服下班后也要彻底检查，避免留有火种。

第四节　火灾与爆炸事故预防

一、物质的燃烧

1. 燃烧和火灾的定义

燃烧是可燃物与氧化剂作用发生的放热反应，通常伴有火焰、发光和（或）发烟的现象。放热、发光、生成新物质是燃烧现象的3个主要特征。

火灾是指燃烧在时间或空间上失去控制而造成的灾难。

2. 燃烧的必要条件

任何物质的燃烧，必须具备3个必要条件。

（1）可燃物。一般来说，凡是能在空气、氧气或其他氧化剂中发生燃烧反应的物质都被称为可燃物，否则称为不燃物。可燃物既可以是单质，如碳、硫、磷、氢、钠等，也可以是化合物或混合物，如乙醇、甲烷、木材、煤炭、棉花、纸、汽油等。没有可燃物，燃烧是不能进行的。

（2）点火源。点火源是指具有一定能量、能够引起可燃物燃烧的能源，有时也称着火源。点火源的种类很多，如明火、电火花、冲击与摩擦火花、雷电、聚集的日光等。由于可燃物的不同，着火时所需的温度和热量也各不相同。例如木材一般加热到350 ℃时就开始着火，而煤炭一般在400 ℃时才开始燃烧。

（3）氧化剂。凡是能和可燃物发生反应并引起燃烧的物质，都称为氧化剂

（也称助燃剂），如空气（氧）、氯酸钾、过氧化物等都是助燃剂。可燃物的燃烧，必须源源不断地供给助燃剂，否则就不可能维持下去。

以上3个条件，是物质进行燃烧必须具备的、缺一不可的。不仅如此，它们之间还要有一定的数量比例关系，如可燃性气体在空气中的浓度较低时，燃烧就不一定发生。此外，它们之间还要相互结合、相互作用，否则燃烧也不可能发生。

3. 燃烧产物

燃烧产物的成分是由可燃物的组成及燃烧条件所决定的。无机可燃物多数为单质，其燃烧产物的组成较为简单，主要是它的氧化物，如氧化钠、氧化钙、二氧化碳、二氧化硫等。有机可燃物的主要组成元素为碳、氢、硫、磷和氮等，其中碳、氢、硫、磷在完全燃烧时生成二氧化碳、水、二氧化硫和五氧化二磷，氮在一般情况下不参与燃烧反应而呈游离状态氮气析出。如果因氧气不足或温度较低而发生不完全燃烧，就不仅会产生上述完全燃烧产物，同时还会生成一氧化碳、醛类、醇类等。例如，木材完全燃烧时产生二氧化碳、水蒸气和灰分。

二、物质的爆炸

在企业生产经营中，爆炸事故是一种严重的灾害，它不仅会破坏工厂的设施和设备，而且会带来严重的人员伤亡。特别是由于爆炸的发生不像火灾那样有规律性，根本没有初期扑灭或疏散等机会。因此，要预防爆炸，就必须了解有关爆炸的基础知识。

1. 爆炸的定义

爆炸是指大量能量（物理能量或化学能量）在瞬间迅速释放或急剧转化成机械、光、热等能量形态的现象。但爆炸的本质，则是“压力的急剧上升”。这种压力的上升，有的是由于物理因素引起的，有的则是由于化学反应或物理、化学综合反应引起的。

爆炸能产生很大的破坏作用，如果是在容器中或在管道内发生，则可以将容器或管道炸开，发出爆炸声，喷出爆炸生成的气体；如果是在建筑物内发生，则可使屋顶飞出，建筑物倒塌。另外，发生爆炸时，由于热膨胀产生的气浪冲击动力和很高的温度，一方面造成破坏，另一方面还有可能点燃可燃物而引起火灾。

2. 爆炸的种类

根据上述爆炸的本质和特征，爆炸可分为物理性爆炸和化学性爆炸两大类。在企业里，物理性爆炸一般指高压气体的爆炸和锅炉的爆炸等，而化学性爆炸包括可燃性气体与空气混合物的爆炸、粉尘的爆炸、气体分解的爆炸、混合危险物品引起的爆炸等。

（1）可燃性气体、可燃性蒸气与空气形成混合物的爆炸。企业发生的爆炸事故，较为普遍的是可燃性气体、可燃性蒸气与空气相混合后遇到火源而产生的爆炸。可燃性气体主要有氢、乙炔、天然气、煤气、液化石油气等；可燃性蒸气主要有汽油、苯、酒精、乙醚等可燃性液体挥发产生的蒸气。这些气体和蒸气与空气混合达到一定浓度后，在点火源的作用下会发生爆炸。这种可燃性物质在空气中形成的混合物需达到一定浓度才会发生爆炸，其中最低浓度称为爆炸下限，最高浓度称为爆炸上限，这个浓度范围称为该物质的爆炸极限。

（2）粉尘爆炸。在企业的生产过程中，有些工艺会产生可燃性固体粉尘或者可燃性液体的雾状飞沫，当它们分散在空气中或助燃性气体中时，如果达到一定浓度，遇到火源，就会发生粉尘爆炸。例如，镁、钛、铝、锌、塑料、木材、麻、煤等粉尘遇火发生爆炸；又如油压设备在高压下喷出机械油之后，由于空气中含有大量油雾，也能引起爆炸。粉尘混合物也和可燃性气体、可燃性蒸气与空气形成的混合物一样，也有爆炸极限。

（3）爆炸性化合物的爆炸。爆炸性化合物主要是指各种炸药，常见的有雷管、TNT、硝化甘油、苦味酸等。这类爆炸性化合物一定要按照相关规定进行运输、使用、保管，否则极易发生爆炸事故。

3. 生产现场常见的火灾与爆炸事故隐患

为了更好地做好防火防爆工作，相关的从业人员需要加强防火防爆的意识，同时能够排查火灾与爆炸事故隐患。常见的火灾与爆炸事故隐患如下：

（1）生产工艺流程不合理，超温、超压以及配比浓度接近爆炸极限而无可靠的安全措施。

（2）易燃易爆物品的生产设备与生产工艺条件不相适应。

（3）没有安装安全装置或附件，或虽安装但质量不合格或失灵。

（4）易燃易爆设备和容器在检修前，未经严格的置换、清洗和检测。

（5）设备有跑、冒、滴、漏现象，未能及时检修而带“病”作业，或散发可燃气体的场所通风不良。

（6）易燃易爆物品的生产和使用的厂址、储存和销售的库址位置不合理，不符合相关规定。

（7）易燃易爆物品的运输、储存和包装方法不符合防火安全要求，性质相抵触和灭火方法不同的危险品混装、混储。

（8）对火源管理不严，在禁火区域无“严禁烟火”醒目标志，或虽有标志但管理不严格，仍有乱动火的现象或有人员抽烟现象，或在用火作业场所有易燃物尚未清除，明火源或其他热源靠近可燃建筑物或其他可燃物等。

（9）电气设备、线路、开关的安装不符合防火安全要求，严重超负荷运转、线路老化、安全装置失去作用等。

（10）建筑物的耐火等级、建筑结构与生产过程中的火灾危险性质不相适应，建筑物的防火间距、防火分区、安全疏散及通风采暖等不符合防火规范要求。

（11）火灾、爆炸危险场所应安装自动灭火、自动报警装置，或应备置其他灭火器材的，却未安装或未备置，或虽有安装或备置但数量不足或失去功能。

三、防火防爆的基本措施

1. 实施防火防爆措施的原则

职工应遵守企业制定的防火防爆管理规定，应具有一定的防火防爆知识，并严格贯彻执行防火防爆规章制度，禁止违规作业。使用、运输、储存易燃易爆气体、液体和粉尘时，一定要严格遵守安全操作规程。在有火灾、爆炸危险的作业现场禁止随便动用明火，确需动用时，必须报请企业主管部门批准，并做好安全防范工作。对于使用的电气设施，如发现绝缘破损、严重老化、大量超负荷以及不符合防火防爆要求等隐患时，应停止使用。企业职工应学会使用常用的灭火工具和器材。实施防火防爆措施的原则主要包括以下 3 个方面。

（1）防止可燃可爆系统的形成。防止可燃物质、助燃物质、点火源同时存在。为防止可燃物与空气或其他氧化剂作用形成危险状态，在生产过程中，首先应加强对可燃物的管理和控制，利用不燃或难燃物料取代可燃物料，不使可燃物料泄漏和聚积形成爆炸性混合物；其次应防止空气和其他氧化性物质进入设备内，或防止泄漏的可燃物料与空气混合。

1）在工艺可行的条件下，在生产过程中不用或少用易燃易爆物质，如用不燃或不易燃烧、爆炸的有机溶剂取代易燃的苯、汽油，根据工艺条件选择沸点较高的溶剂等。

2）为防止易燃气体（蒸气）和可燃性粉尘与空气形成爆炸性混合物，应设法使生产设备和容器尽可能密闭操作。

3）为保证易燃易爆、有毒有害物质在厂房生产环境里不超过危险浓度，必须采取有效的通风排气措施。

4）在可燃气体或蒸气与空气的混合气中充入惰性气体，可降低氧气、可燃物的百分比，从而消除爆炸危险和阻止火焰的传播。

（2）消除、控制点火源。在生产型企业中，引起火灾、爆炸事故的点火源主要有明火、高温物体表面、摩擦和撞击、绝热压缩、化学反应热、电气火花、静电火花、雷击和光热射线等。在有火灾、爆炸危险的生产场所，对这些着火源都应充分注意，并采取严格的控制措施。

1）控制明火。对易燃液体进行加热应尽量避免采用明火，如果必须采用明火，设备应严格密封，燃烧室应与设备隔离，并按标准规定留出防火间距。在禁火区动火，有关动火审批、动火分析等必须严格执行有关规范，采取预防措施，并加强监督检查，以确保安全作业。

2）减少摩擦与撞击。机器上的轴承等摩擦会发热起火；金属零件、铁钉等落入粉碎机、反应器、提升机等设备内，由于铁器和机件的撞击会产生火花起火；

磨床砂轮等摩擦及铁质工具相互撞击或与混凝土地面撞击会发生火花；导管或容器破裂，内部溶液和气体喷出时会摩擦起火。作业中要采取安全防范措施，杜绝或减少这些现象的产生。

3）防止电火花。一般的电气设备很难完全避免电火花的产生，因此，在火灾、爆炸危险场所必须根据物质的危险特性正确选用不同型号的防爆电气设备。同时，对火灾、爆炸危险场所必须设置可靠的避雷设施，有静电积聚危险的生产装置和装卸作业应有控制流速、导除静电、添加防静电剂等有效的安全措施。

（3）有效监控，及时处理。在可燃气体（蒸气）可能泄漏的区域设置检测报警仪，这是监测空气中易燃易爆物质含量的重要措施。当可燃气体或液体发生泄漏而操作人员尚未发现时，检测报警仪可在设定的安全浓度范围内发出警报，便于及时发现并处理泄漏点，从而避免发生重大事故。

2. 工艺防火防爆措施

有火灾、爆炸危险的生产过程，应尽可能选择物质危险性较小、条件较成熟的工艺流程。生产装置、设备应具有承受超压性能和完善的生产工艺控制手段，设置可靠的温度、压力、流量等工艺参数的控制仪表和控制系统，对工艺参数控制要求严格的，应设置双系列控制仪表和控制系统。另外，还应设置必要的超温超压的报警、监视、泄压装置和防止高低压窜气（液）、紧急安全排放装置。

生产装置的平面布置除应按工艺流程进行设计外，还应考虑符合有关防火防爆规范的要求。处理同类火灾、爆炸危险物料的设备或厂房，应尽量集中布置，便于统筹安排防火防爆设施。生产装置内的设备，应尽量布置在露天、敞开或半敞开式的建筑物、构筑物内，以减小火灾、爆炸时造成的损坏。室内有爆炸危险的生产部位，应布置在单层厂房内。在有爆炸危险的厂房内，不应设置办公室、休息室等管理设施，靠近易爆部位应设置必要的泄压面积。有火灾爆炸危险的生产设备、建筑物、构筑物，应布置在一端，也可设在防爆构筑物内，明火设备的布置应远离可能泄漏易燃液化气、可燃气体、可燃蒸气的工艺设备及储罐。工艺生产装置内露天布置的设备、储罐、建筑物及构筑物，宜按生产流程分区集中布置，生产装置的集中控制室、变配电室、分析化验室等辅助建筑物，应布置在非防火防爆危险区。工艺装置各类机械设备、构筑物的分布间距，应考虑防火防爆距离及安全疏散通道，且有足够的道路及空间便于作业人员操作检修。

3. 其他安全防护设计

（1）通风设计。非敞开式的火灾、爆炸危险场所应有良好通风，以减少厂房内部可燃气体、蒸气或可燃粉尘的积聚，使之不至于达到爆炸极限。厂房的通风方式有自然通风、机械通风和正压通风，当自然通风达不到生产要求时，应设置机械通风，但要求通风机采用防爆型的。

（2）惰性气体保护。惰性气体保护能够缩小或消除易燃、可燃物质的爆炸范围，从而防止火灾、爆炸事故。工业上常用的惰性气体有氮气、二氧化碳、水蒸气等。惰性气体保护可应用于以下几种情况：

1）对具有爆炸性的生产设备和储罐，可充灌惰性气体。

2）易燃固体的压碎、研磨、筛分、混合作业以及呈粉末状态输送时，可在惰性气体覆盖下进行。

3）易燃固体的粉状、粒状的料仓可用惰性气体加以保护。

4）可燃气体混合物在处理过程中，可加惰性气体作为保护气体。

5）对有火灾、爆炸危险的工艺装置、储罐、管道等可连接惰性气体保护装置，以备在发生火灾时使用惰性气体充灌保护。

6）用惰性气体（如氮气）输送有爆炸危险性液体。

7）在有爆炸危险性的生产中，对能引起火花危险的电器、仪表等，用惰性气体（如氮气）进行正压保护。

8）有火灾、爆炸危险的生产装置停车检修时，在动火之前用惰性气体对有爆炸危险的设备、管线、容器等进行置换。

四、火灾扑救

1. 火灾扑救的原则

根据火灾发展变化，可以将火灾的发展阶段分为初起阶段、发展阶段、猛烈阶段、下降阶段和熄灭阶段5个阶段。其中，初起阶段是火灾扑救最有利的阶段。

在火灾扑救过程中，要遵循“以人为本、安全第一”“救人第一”“先控制后消灭”“先重点后一般”等原则。“以人为本、安全第一”是指火灾扑救之前，首先要保证救援人员的自身安全。“救人第一”是指火场上如果有人受到火情威胁，救援的首要任务就是把被围困的人员抢救出来，救援过程中遵循“就近优先、危险优先、弱者优先”的基本要求。“先控制后消灭”是指对于不能立即扑灭的火灾，首先应当控制火势的蔓延扩大，在具备了扑灭火灾的条件时，再一举消灭。“先重点后一般”是指扑灭火灾过程中，要全面分析火场的情况，人和物相比，救人更重要；贵重物资和一般物资相比，抢救贵重物资更重要；要害部位和其他部位相比，抢救要害部位更重要。

2. 灭火的基本方法

一切灭火方法都是为了破坏已经产生的燃烧条件，燃烧“三要素”（可燃物、点火源、氧化剂）只要失去其中任何一个，燃烧就会停止。但由于在灭火时，燃烧已经开始，控制点火源已经没有意义，那么火灾扑救主要目标就是消除可燃物或氧化剂，或者阻止燃烧现象的持续发生。根据物质燃烧原理及灭火的实践经验，灭火的基本方法有冷却灭火法、隔离灭火法、窒息灭火法、化学抑制灭火法等。

（1）冷却灭火法是指将灭火剂直接喷洒在可燃物上，使可燃物的温度降低到燃点以下，从而使燃烧停止。例如用水扑救火灾，使用的就是冷却灭火法，一般物质起火，都可以用水来冷却灭火。火场上，除用冷却灭火法直接灭火外，还经常用水冷却尚未燃烧的可燃物质，防止其达到燃点而着火；还可用水冷却建筑构件、生产装置或容器等，以防止其受热变形或爆炸。

（2）隔离灭火法是指将燃烧物与附近可燃物隔离或者疏散开，从而使燃烧不扩散直至停止，适用于扑救各种固体、液体、气体火灾。采取隔离灭火法的具体措施很多，例如将火源附近的易燃易爆物质转移到安全地点；关闭设备或管道上的阀门，阻止可燃气体、液体流入燃烧区；排除生产装置、容器内的可燃气体、液体，阻拦、疏散可燃液体或扩散的可燃气体；拆除与火源相邻的易燃建筑结构，形成阻止火势蔓延的空间地带等。

（3）窒息灭火法是指采取适当的措施，阻止空气进入燃烧区，或用惰性气体稀释空气中的氧含量，使燃烧物质缺乏或断绝氧而熄灭，适用于扑救封闭式的空间、生产设备装置及容器内的火灾。火场上运用窒息灭火法扑救火灾时，可采用石棉被、湿麻袋、湿棉被、沙土、泡沫等不燃或难燃材料覆盖燃烧或封闭孔洞；用水蒸气、惰性气体（如二氧化碳、氮气等）充入燃烧区域；利用建筑物上原有的门以及生产储运设备上的部件来封闭燃烧区，阻止空气进入等。

（4）化学抑制灭火法是指将化学灭火剂喷入燃烧区参与燃烧反应，中止燃烧链反应而使燃烧反应停止。采用这种方法可使用的灭火剂有干粉和卤代烷灭火剂，灭火时，将足够数量的灭火剂准确地喷射到燃烧区内，使灭火剂阻断燃烧反应。

上述基本灭火方法所采取的具体灭火措施是多种多样的，在灭火中，应根据可燃物的性质、燃烧特点、火灾大小、火场的具体条件以及消防技术装备的性能等实际情况，选择一种或几种灭火方法。

3. 常用灭火器的类型和使用方法

灭火器是扑灭初起火灾的重要工具，是最常用的灭火器材，它具有灭火速度快、轻便灵活、实用性强等特点，因而应用范围非常广。通常用于扑灭初起火灾的灭火器类型较多，使用前必须分析火灾燃烧物质的性质，根据不同的燃烧物质选用不同的灭火器。否则会适得其反，有时不但灭不了火，还会引起爆炸。

（1）火灾的分类。根据《火灾分类》（GB/T 4968—2008），火灾可划分为 6 个类型。

A 类火灾：固体物质火灾。这种物质通常具有有机物质性质，一般在燃烧时能产生灼热的余烬，如木材、干草、棉、毛、麻、纸张等火灾。

B 类火灾：液体或可熔化的固体物质火灾。如煤油、柴油、原油、甲醇、乙醇等火灾。

C 类火灾：气体火灾。如煤气、天然气、甲烷、乙烷等火灾。

D 类火灾：金属火灾。如钾、钠、镁、铝镁合金等火灾。

E 类火灾：带电火灾。物体带电燃烧的火灾。

F 类火灾：烹饪器具内的烹饪物（如动植物油脂）火灾。

（2）常用灭火器。灭火器主要依靠灭火器内的灭火剂进行灭火，灭火剂是能够有效地破坏燃烧条件、终止燃烧的物质。选择灭火剂的基本要求是灭火效能高，使用方便，来源丰富，成本低廉，对人、物和环境基本无害。

灭火剂的种类很多，常用的有十余种，如水、干粉、泡沫、二氧化碳等。不同的灭火剂的灭火原理、优缺点、适用范围也是不同的。

1）水。水的灭火原理主要是冷却作用、对氧气的稀释作用、水流冲击作用。灭火时水流形态包括直流水和开花水、细水雾、水蒸气，在一些特定条件下，采取适当措施，采用水的适当形式（如雾状水、水蒸气等）可以扑救一些原来不能用水扑救的火灾。

水作为灭火剂的优点包括：比热较大；价格便宜；易于远距离输送；在化学上呈中性；对人、物无毒、无害等。其缺点包括：易结冰；水对很多物品如档案、图书、珍贵物品等有破坏作用；许多物品经水浸湿后会膨胀变重；水具备导电性等。

水通常不可用于以下火灾：

①忌水性物质如轻金属、电石等着火不能用水扑救。

②不溶于水且相对密度比水小的易燃液体火灾。

③直流水不能扑救带电设备火灾，也不能扑救可燃性粉尘聚集处的火灾。

④不能用直流水扑救储存有大量浓硫酸、浓硝酸场所的火灾，因为水流能引起酸的飞溅、流散，与可燃物相遇之后，会有加大燃烧的风险。

⑤高温设备着火，不宜用水扑救，因为这会使金属机械强度受影响。

⑥精密仪器设备、贵重文物档案、图书着火。

2）干粉灭火剂。干粉灭火器是用二氧化碳气体作动力喷射干粉灭火剂的灭火器材。目前，我国主要生产碳酸氢钠干粉灭火剂及磷酸铵盐干粉灭火剂。由于碳酸氢钠干粉灭火剂只适用于扑救 B 类、C 类火灾，所以碳酸氢钠干粉灭火器又称为 BC 干粉灭火器；磷酸铵盐干粉灭火剂适用于扑救 A 类、B 类、C 类火灾，所以磷酸铵盐干粉灭火器又称为ABC干粉灭火器。干粉灭火剂是比较新型的灭火剂，大致分为普通干粉，多用型干粉和专用干粉，由于它的灭火效率比较高，因而用途日益广泛。干粉灭火剂灭火的主要原理是化学抑制作用。

干粉灭火剂的主要优点包括：干粉的物理、化学性质稳定，无毒性、无腐蚀性、不导电、易于长期储存；干粉使用温度范围广，能在－50～60 ℃的温度条件下储存与使用；干粉雾能防止热辐射，因而在大型火灾中，即使不穿隔热服也能进行灭火；干粉可用管道进行输送等。

干粉灭火剂通常可以用于扑救大多数常见的物质火灾，如易燃液体、忌水性物质火灾，也适用于扑灭油类、油漆、电气设备的火灾，但是对于精密仪器设备、活性金属火灾等并不适用。

3）泡沫灭火剂。按照生成泡沫的机理，泡沫灭火剂可以分为化学泡沫灭火剂和空气泡沫灭火剂两大类。泡沫灭火剂种类繁多，根据发泡倍数的不同可分为低倍数泡沫灭火剂、中倍数泡沫灭火剂和高倍数泡沫灭火剂。泡沫灭火剂适宜扑灭油类及一般物质的初起火灾。

4）二氧化碳灭火剂。二氧化碳灭火剂通常是将二氧化碳以液态形式加压充装于灭火剂钢瓶中。其灭火原理是液态二氧化碳喷向着火处时立即汽化，起到稀释氧浓度作用，并且吸收大量热起到冷却作用，同时大量二氧化碳聚集在燃烧区范围，能起到隔离燃烧物与空气的作用。二氧化碳灭火剂通常用于扑救贵重设备、仪器仪表、档案资料、600 V以下电压的电气设备及油类等初起火灾。

（3）在当前社会中，大多数的场所中配置的灭火器为干粉灭火器和二氧化碳灭火器，以下介绍这两类灭火器的使用方法和注意事项。

1）干粉灭火器使用方法。从灭火器箱内，握住灭火器提把取出灭火器；手提灭火器到达火场；除掉铅封，拔掉保险销；一只手握着喷管，另一只手提着提把；站在火焰的上风向或侧风向2 m左右处，一只手用力压下压把，另一只手拿着喷管对准火焰根部左右扫射，直至火焰熄灭；灭火后应及时对燃烧物进行降温，防止复燃。

2）二氧化碳灭火器使用方法。从灭火器箱内，握住灭火器提把取出灭火器；

手提灭火器到达火场；除掉铅封，拔掉保险销；站在火焰的上风向或侧风向 2 m 左右处，一只手握住喇叭喷筒根部的握柄，另一只手紧握压把用力下压，对准火焰根部左右扫射，喷流对准火焰最猛烈处，由近及远、上下左右喷射灭火剂进行灭火，并且随着射程缩短，走近燃烧物。

3）灭火器使用注意事项主要包括以下几点：

①拔保险销时不能紧握把手。

②二氧化碳喷出的温度较低，操作人员宜佩戴手套，不要裸手抓握喇叭喷筒外壁，以防冻伤。

③灭火时，距离着火点不应超过有效射程。

④室外灭火时，不能站在下风向灭火。

⑤灭火过程中，压下的压把不能放开。

⑥狭小场所内使用二氧化碳灭火器喷射后，应抓紧离开现场，火情熄灭后须充分通风后才能回到场所内。

⑦电气火灾应当先断电再灭火。

第五节　高处作业事故预防

一、高处作业术语及其定义

1. 高处作业

《高处作业分级》（GB/T 3608—2008）规定，凡在坠落高度基准面 2 m 或 2 m 以上有可能坠落的高处进行的作业，称为高处作业。高处作业容易发生高处坠落事故，这在建筑施工作业中尤其多发，占全部建筑施工事故总起数的 60% 以上。坠落高度基准面是指可能坠落范围内最低处的水平面。

2. 高处作业高度

作业区各作业位置至相应坠落高度基准面的垂直距离中的最大值，称为该作业区的高处作业高度，简称作业高度。高处作业高度常用单位为 m，常用 h_w 表示。

3. 可能坠落范围

高处作业可能坠落范围是指以作业位置为中心，以可能坠落范围半径为半径划成的与水平面垂直的柱形空间。可能坠落范围半径是指为确定可能坠落范围而规定的相对于作业位置的一段水平距离。可能坠落范围半径用米表示。

二、高处作业种类与分级

1. 一般高处作业

一般高处作业是指在正常作业环境下的各项高处作业。

2. 特殊高处作业

（1）在阵风风力 5 级（风速 8.0 m/s）以上的情况下进行的高处作业，称为强风高处作业。

（2）在高温或者低温环境下进行的高处作业，称为异常气温高处作业。

（3）降雪时进行的高处作业，称为雪天高处作业。

（4）降雨时进行的高处作业，称为雨天高处作业。

（5）室外完全采用人工照明进行的高处作业，称为夜间高处作业。

（6）在接近或接触带电体条件下进行的高处作业，称为带电高处作业。

（7）在无立足或无牢靠立足点条件下进行的高处作业，称为悬空高处作业。

（8）对突然发生的各种灾害事故进行抢救性作业的高处作业，称为抢救高处作业。

3. 高处作业的分级

（1）高处作业区段。高处作业高度分为 2 m 至 5 m、5 m 以上至 15 m、15 m 以上至 30 m 及 30 m 以上 4 个区段。

（2）直接引起坠落的客观危险因素。根据《高处作业分级》（GB/T 3608—2008）的规定，直接引起坠落的客观危险因素分为 11 类。

1）阵风风力五级（风速 8.0 m/s）以上。

2）《高温作业分级》（GB/T 4200—2008）规定的Ⅱ级或Ⅱ级以上的高温作业。

3）平均气温等于或低于 5 ℃的作业环境。

4）接触冷水温度等于或低于 12 ℃的作业。

5）作业场地有冰、雪、霜、水、油等易滑物。

6）作业场所光线不足，能见度差。

7）作业活动范围与危险电压带电体的距离小于表 3－5 的规定距离。

表 3－5　　作业活动范围与危险电压带电体的距离

危险电压带电体的电压等级/kV	距离/m
≤10	1.7
35	2.0
63～110	2.5
220	4.0
330	5.0
500	6.0

8）摆动，立足处不是平面或只有很小的平面，即任一边小于 500 mm 的矩形平面、直径小于 500 mm 的圆形平面或具有类似尺寸的其他形状的平面，致使作业者无法维持正常姿势。

9）劳动强度指数为 25 或 25 以上的强体力劳动。

10）存在有毒气体或空气中含氧量低于 0.195（体积分数）的作业环境。

11）可能会引起各种灾害事故的作业环境和抢救突然发生的各种灾害事故。

（3）A/B 类分级法。不存在上述列出的任一种客观危险因素的高处作业按 A 类分级法，存在上述列出的一种或一种以上客观危险因素的高处作业按 B 类分级法。A/B 类分级法详见表 3－6。

表 3－6　　高处作业 A/B 类分级法

分级法	高处作业高度/m			
	$2 \leq h_w \leq 5$	$5 < h_w \leq 15$	$15 < h_w \leq 30$	$h_w > 30$
A 类	Ⅰ	Ⅱ	Ⅲ	Ⅳ
B 类	Ⅱ	Ⅲ	Ⅳ	Ⅳ

三、高处作业劳动防护用品

高处作业易发生高处坠落、物体打击事故，因此作业期间必须遵守操作规程并正确佩戴劳动防护用品。高处作业人员应佩戴的劳动防护用品主要有：安全帽、安全带、安全网、防滑鞋，另外还有电工用的绝缘手套、绝缘鞋等。安全帽、安全带、安全网被人们称为建筑施工安全“三宝”，能够有效防止高处坠落、物体打击这类事故伤害。

1. 安全帽

在发生物体打击的事故分析数据中，由于不正确佩戴安全帽而造成伤害的占事故总起数的90%，无论作业现场有多少人员，只要有一人不正确佩戴安全帽，就存在着被落物打击而造成伤亡的隐患。因此，凡进入作业现场的人员，必须正确佩戴安全帽。高处作业中，安全帽的重要保护作用显得尤为重要和突出，如搭设脚手架人员必须佩戴安全帽。

佩戴安全帽需遵循以下几点原则：

（1）佩戴安全帽时，必须系紧下颏带，防止发生事故时失去防护作用。因为如果不系紧下颏带，一旦重物坠落到头部，安全帽将脱离头部，产生严重后果；安全帽必须戴正，一旦头部受到打击，才能保证对头部的有效防护。

（2）不同头型或冬季佩戴有防寒帽时，应调节好帽箍，保留帽衬与帽壳之间缓冲作用的空间。

（3）不准使用缺衬、缺带及破损的安全帽。安全帽在使用过程中会老化损坏，应经常检查，发现有开裂、下凹、严重磨损等情况时，应及时更换。

（4）安全帽不得坐压或盛装其他物品，不得在安全帽上乱涂乱画或粘贴图文，保持安全帽的完好及使用性能良好。

（5）安全帽应在－10～50 ℃的环境温度下使用，严禁用沸水清洗及靠近50 ℃以上热源进行烘干。避免将安全帽存放在酸、碱、高温、日晒、潮湿等环境中，更不能和硬物放在一起。

（6）高压近电报警安全帽使用前应检查其音响部分是否良好，但不得作为判断是否有电的依据。

（7）按照《头部防护 安全帽选用规范》（GB/T 30041—2013）标准规定，针对作业现场特点选用安全帽。

（8）对所选用的安全帽超过有效使用期，或所选用的安全帽经定期检验和抽查为不合格的，应予判废。

2. 安全带

安全带是用于防止人体坠落的劳动防护用品，它同安全帽一样是使用于个人的劳动防护用品，无论作业场地内高处作业有多少人员，只要有一人不按规定正确佩戴安全带，就存在着高处坠落的事故隐患。因此，高处作业中的攀登作业、悬空作业，如搭设脚手架，吊装混凝土构件、钢构件及设备等，无论是否有可靠有效的防护设施，操作人员都必须系挂好安全带。安全绳是安全带上保护人体不坠落的系绳，安全带与安全绳需搭配使用。

安全带应垂直悬挂，高挂低用。安全绳严禁打结、续接，以免绳结受剪力断裂，不得将钩直接挂在不牢固物体上，防止绳被割断，避免明火和刺割。安全带上的各种部件不得任意拆换，更换新绳时要注意加绳套。安全带使用两年后，按批量购入情况抽验一次，对抽验过的样带，必须更换安全绳后才能继续使用。使用频繁的安全绳，要经常做外观检查，发现异常时，应立即更换新绳。

3. 安全网

在高处作业现场，由于上部作业防护不严密、作业人员不按规程施工等情况的存在，可能造成人、物的坠落，发生安全事故。安全网就是用来预防此类事故的用品，并且建筑工地使用密目式安全立网对在建工程进行全封闭，还可以有效防止和减少扬尘污染，美化建筑施工现场环境，进而美化城市环境。

安全网一般由网体、边绳、系绳、筋绳等构件组成，是用来防止人、物坠落及物体打击伤害的劳动防护用品。安全网的选用与使用要求可参照本章第七节建筑施工事故预防的相关内容。

四、高处作业的一般安全防护要求

1. 基本要求

（1）凡能在地面上预先做好的工作，都应在地面上完成，尽量减少高处作业。

（2）高处作业均应先搭设脚手架、使用高空作业车、升降平台或采取其他防止坠落措施，然后方可进行。

（3）高处作业开工前，应进行安全防护设施的逐项检查和验收，检查和验收合格后方可进行。施工工期内还应定期进行检查。

（4）在低温或高温环境下进行高处作业，应采取保暖或防暑降温措施，作业时间不宜过长。

（5）在6级及以上的大风以及暴雨、雷电、冰雹、大雾、沙尘暴等恶劣天气下，应停止露天高处作业。特殊情况下，确实需要在恶劣天气进行抢修时，应组织人员充分讨论并采取必要的安全措施，经批准后方可进行。

（6）高处作业时，应尽量减少立体交叉作业。必须交叉作业时，施工负责人应事先组织交叉作业各方确定各自的施工范围，签订安全管理协议，明确各自安全生产管理职责和应采取的安全措施，并指定专职安全生产管理人员进行安全检查与协调。无法错开的垂直交叉作业，层间应搭设严密、牢固的防护隔离设施。

（7）在进行高处作业时，除有关人员外，不准他人在工作地点的下方通行或逗留，非高处作业人员不得随意攀登高处。

2. 对作业人员的安全要求

（1）凡参加高处作业的人员，应每年进行一次体检。经医师诊断患有精神性疾病、癫痫病、心脏病、高血压、贫血及其他不适宜高处作业的疾病时，不得从事高处作业。发现作业人员精神不振时，应禁止其登高作业。

（2）高处作业人员应思想集中，认真按高处作业安全规程进行作业。

（3）高处作业人员应衣着灵便，衣袖、裤脚应扎紧，穿软底防滑鞋。

（4）高处作业人员必须系好安全带，正确佩戴安全帽。

（5）严禁酒后从事高处作业。

（6）高处作业开工前，工作负责人应向全体人员详细交代工作内容和现场安全措施，进行危险点告知，并履行确认手续。

（7）在高处作业现场开始工作前或行走时，要先观察周围环境是否安全，如孔洞是否加盖板和采取了临时防护措施。

（8）开始工作后，工作负责人应始终在作业现场，对工作组人员的安全认真监护，及时纠正不安全行为。

3. 对作业现场的安全要求

（1）高处作业的作业现场要有足够的照明。

（2）高处作业现场的栏杆、护板以及井、坑、孔、洞、沟道的盖板必须完好，发现有损坏的应立即修复。

（3）所有升降口、大小孔洞、楼梯和平台，应装设不低于1.05 m高的栏杆和不低于0.1 m高的护板。如在检修期间需将栏杆拆除时，应装设临时遮栏，并在检修结束时将栏杆立即装回。临时遮栏应由上、下两道横杆及栏杆柱组成，上横杆离地高度为1.05～1.2 m，下横杆离地高度为0.5～0.6 m，并在栏杆下边设置可靠固定的高度不低于0.18 m的挡脚板。原有高度1.0 m的栏杆可不做改动。

（4）在屋顶、杆塔以及其他危险的边沿进行工作，临空一面应装设安全网或防护栏杆、扶手绳，工作人员应使用安全带。

（5）在进行高处作业时，工作地点下面应有围栏或装设其他保护装置，防止落物伤人。如在格栅式的平台上工作，为了防止工具和器材掉落，应采取有效隔离措施，如铺设木板等。

（6）高处作业现场的孔洞要使用牢固的专用盖板，不得用石棉瓦等不结实的板材加盖。

（7）高处作业区周围的孔洞、沟道等应设盖板、安全网或围栏并有固定其位置的措施，同时应设置安全标志，夜间还应设红灯示警。

（8）特殊高处作业的危险区应设围栏及“严禁靠近”的警告牌。

(9) 高处作业时，有危险的出入口应设围栏和悬挂警告牌。

(10) 因工程和工序需要，在人与物有坠落危险的洞口、井口等处进行高处作业时，必须设置牢固的盖板、防护栏杆、安全网等防护设施。

(11) 电梯预留井或其他深层孔洞内最多隔 10 m 就应设一道安全网（间距过大时人或物坠落冲击力过大，易使人或物冲破安全网，起不到应有的保护作用）。

(12) 高处作业现场边长为 1.5 m 以上的洞口，四周应设防护栏杆，洞口下应装设安全网。

(13) 当临时高处行走区域不能装设防护栏杆时，应设置 1.05 m 高的安全水平扶绳，且每隔 2 m 应设一个固定支撑点。

4. 对作业过程的安全要求

(1) 高处作业前的安全要求

1) 进行高处作业前，应针对作业内容进行危险源辨识，制定相应的作业程序及安全措施。将辨识出的危害源写入高处安全作业证（以下简称作业证），并制定出对应的安全措施。

2) 进行高处作业时，除执行作业证上的规定外，还应符合国家现行的有关高处作业及安全技术标准的规定。

3) 进行高处作业的单位应办理作业证，落实安全防护措施后方可作业。

4) 作业证审批人员应赴高处作业现场检查确认安全措施后，方可批准高处作业。

5) 高处作业中的安全标志、工具、仪表、电气设施和各种设备，应在作业前加以检查，确认其完好后投入使用。

6) 高处作业前要制定高处作业应急预案，内容包括：作业人员紧急状况时的逃生路线和事故伤害救护方法，现场应配备的救生设施和灭火器材等。有关人员应熟知应急预案的内容。

7) 在紧急状态下（有下列情况进行高处作业的）应执行单位的应急预案：

①遇有 6 级以上强风、浓雾等恶劣天气下的露天攀登与悬空高处作业。

②在邻近有排放有毒有害气体、粉尘的放空管线或烟囱的场所进行高处作业

时，作业点的有毒有害物浓度不明。

8）高处作业前，作业现场单位负责人应对高处作业人员进行必要的安全教育，交代现场环境和作业安全要求以及作业中可能遇到意外时的处理和救护方法。

9）进行高处作业前，作业人员应查验作业证，检查验收安全措施落实后方可作业。

10）高处作业人员应按照规定穿戴符合国家标准的劳动保护用品，作业前应对劳动保护用品进行检查。

11）高处作业现场使用的材料、器具、设备应符合有关安全标准要求。

12）高处作业用的脚手架的搭设应符合国家有关标准。高处作业应根据实际要求配备符合安全要求的吊笼、梯子、防护围栏、挡脚板等，跳板应符合安全要求，两端应捆绑牢固。高处作业前，应检查所用的安全设施是否坚固、牢靠。夜间高处作业应有充足的照明。

13）供高处作业人员上下用的梯道、电梯、吊笼等要符合有关标准要求，作业人员上下时要有可靠的安全措施。固定式钢直梯和钢斜梯应符合《固定式钢梯及平台安全要求 第1部分：钢直梯》（GB 4053.1—2009）和《固定式钢梯及平台安全要求 第2部分：钢斜梯》（GB 4053.2—2009）的要求，便携式木折梯和便携式金属梯，应符合《便携式木折梯安全要求》（GB 7059—2007）和《便携式金属梯安全要求》（GB 12142—2007）的要求。

14）便携式木折梯和便携式金属梯梯脚底部应坚实，不得垫高使用，踏板不得有缺挡，梯子的上端应有固定措施。立梯工作角度以70°~80°为宜。梯子如需接长使用，应有可靠的连接措施，且接头不得超过1处。连接后梯梁的强度，不应低于单梯梯梁的强度。折梯使用时上部夹角以35°~45°为宜，铰链应牢固，并应有可靠的拉撑措施。

（2）高处作业中的安全要求

1）高处作业中应设监护人对高处作业人员进行监护，监护人应坚守岗位。

2）高处作业中应正确使用防坠落用品与登高器具、设备。高处作业人员应系用与作业内容相适应的安全带，安全带应系挂在作业处上方的牢固构件上或专为挂安全带用的钢架或钢丝绳上，不得系挂在移动或不牢固的物件上，不得系挂在有尖锐棱角的部位。安全带不得低挂高用，系安全带后应检查扣环是否扣牢。

3）高处作业场所有坠落可能的物件，应一律先行撤除或加以固定。高处作业所使用的工具、材料、零件等应装入工具袋，上下时手中不得持物。工具在使用时应系安全绳，不用时放入工具袋中。不得投掷工具、材料及其他物品，应用绳索拴牢传递，以免打伤下方作业人员或击毁脚手架。高处作业区附近有带电体时，传递绳索应使用干燥的麻绳或尼龙绳，严禁使用金属线。易滑动、易滚动的工具、材料堆放在脚手架上时，应采取防坠落措施。高处作业中所用的物料，应堆放平稳，不得妨碍通行和装卸。作业中的走道、通道板和登高用具，应随时清扫干净，拆卸下的物件及余料和废料均应及时清理运走，不得任意乱置或向下丢弃。

4）雨天和雪天进行高处作业时，应采取可靠的防滑、防寒和防冻措施，作业现场的水、冰、霜、雪均应及时清除。对进行高处作业的高耸建筑物，应事先设置避雷设施。遇有6级以上强风、浓雾等恶劣天气，不得进行特级高处作业、露天攀登与悬空高处作业。暴风雪及台风、暴雨后，应对高处作业安全设施逐一加以检查，发现有松动、变形、损坏或脱落等现象，应立即修理完善。

5）带电高处作业应符合《用电安全导则》（GB/T 13869—2017）的有关要求，涉及临时用电时应符合《施工现场临时用电安全技术规范》（JGJ 46—2005）的有关要求。

6）高处作业应与地面保持联系，根据现场配备必要的联络工具，并指定专人负责联系。尤其是在危险化学品生产、储存场所或附近有放空管线的位置高处作业时，应为作业人员配备必要的劳动防护用品（如空气呼吸器、过滤式防毒面具或口罩等），应事先与本单位负责人取得联系，确定联络方式，并将联络方式填入作业证的补充措施栏内。

7）不得在不坚固的结构（如彩钢板屋顶、石棉瓦、瓦棱板等轻型材料）上作业，登不坚固的结构。为了防止误登，应在这种结构的显著地点挂上标示牌。作业前，应保证其承重的立柱、梁、框架的受力能满足所承载的负荷，应铺设牢固的脚手板，并加以固定，脚手板上要有防滑措施。

8）作业人员不得在高处作业处休息，不得坐在平台、孔洞边缘，不得骑在栏杆上，不得站在栏杆外工作。

9）高处作业与其他作业交叉进行时，应按指定的路线上下，不得上下垂直作业，如果需要垂直作业时应采取可靠的隔离措施。

10）在采取地（零）电位或等（同）电位作业方式进行带电高处作业时，应使用绝缘工具或穿绝缘服。

11）发现高处作业的安全技术设施有缺陷和隐患时应及时解决，危及人身安全时应停止作业。

12）因作业必须临时拆除或变动安全防护设施时（如取掉孔洞盖板或者临时割开孔洞），应经作业负责人同意，并采取相应的措施（如装设临时围栏和悬挂标志牌等），作业后应立即恢复，经原单位验收认可。

13）防护棚搭设时，应设警戒区，并派专人监护。

14）利用高空作业车、带电作业车、叉车、高处作业平台等进行高处作业时，高处作业平台应处于稳定状态；需要移动车辆时，作业平台上不得载人。

15）作业人员在作业中如果发现情况异常，应发出信号，并迅速撤离现场。

（3）高处作业完工后的安全要求

1）高处作业完工后，应将作业现场清扫干净，作业用的工具、拆卸下的物件及余料和废料应清理运走。

2）脚手架、防护棚拆除时，应设警戒区，并派专人监护。拆除脚手架、防护棚时不得在上部和下部同时施工。

3）高处作业完工后，临时用电的线路应由具有特种作业操作证的电工拆除。

4）高处作业完工后，作业人员要安全撤离现场，验收人应在作业证上签字。

第六节　厂内运输事故预防

一、厂内运输概述

生产经营单位的厂内运输，一般包括物料和生产设备等进厂卸车、搬运入库或堆放，由仓库或料场运至车间或生产班组，物料、半成品等在车间之间、工段班组内部、工序之间的运送，以及成品出厂、废料废渣的运送等。厂内运输是联系生产工艺过程的纽带，是生产经营的重要组成部分。在生产过程中，每一道工序以及工序之间都离不开物料的装卸、搬运、堆垛，成品的储存、运转等作业。与厂内机动车辆相关的厂内运输的方式可以概括为以下两大类。

（1）无轨车辆运输。所用车辆主要包括叉车、电动车、平板车、翻斗车、装载机等，这类车辆机动灵活，载重量可大可小，对地面要求不高，投资少，使用方便，适用于各类生产经营单位。

（2）汽车运输。汽车在厂内运输作业中十分常见，因其运输机动灵活，载重量较大，一般大中型企业中较多使用。

二、厂内运输常见事故类型

1. 车辆伤害

车辆伤害是指机动车辆在行驶中引起的人体高处坠落，物体倒塌、下落、挤压，提升、牵引车辆和车辆停驶时发生的人身伤害事故。厂内运输常见的车辆伤害事故包括撞车、翻车、挤压和碾轧等。

2. 物体打击事故

物体打击事故是指失控的物体在惯性力或重力等其他外力的作用下产生运动，打击人体而造成人身伤亡事故。物体打击会对作业人员的人身安全造成威胁、伤害，甚至死亡，特别是在施工周期短、人员密集、施工机具多、物料投入较多，尤其是在交叉作业多的情况下，易发生对人身的物体打击伤害事故。厂内运输常见的物体打击事故包括搬运、装卸和堆垛时发生的物料等打击伤害事故。

3. 高处坠落

厂内运输常见的高处坠落事故为作业人员或车辆运输的物品从车上坠落下来造成人员伤害事故。

4. 火灾、爆炸

厂内运输火灾、爆炸是指由人为的原因发生火灾并引起油箱等可燃物急剧燃烧、爆炸，或装载的易燃易爆物品因运输不当发生火灾、爆炸。

三、厂内运输事故产生的原因

厂内运输事故的原因是多方面的，但主要涉及人（驾驶员、行人、装卸工）、车（机动车与非机动车）、道路环境这 3 个综合因素，其中人是最为重要的。据有关资料分析，一般情况下，驾驶员违章驾车、疏忽大意以及操作技术等方面的错误行为是造成事故的主要原因。厂内运输事故的主要原因包括以下 5 个方面。

1. 违章驾车

违章驾车是指车辆驾驶员由于思想、技术等原因而导致的错误操作行为，尤其是不按有关规定行驶，扰乱正常的厂内运输秩序等行为，极易导致事故的发生。如酒后驾车、疲劳驾车、非驾驶员驾车、超速行驶、争道抢行、违章超车、违章装载等原因造成的车辆伤害事故。

2. 疏忽大意

疏忽大意是指车辆驾驶员由于心理或生理方面的原因，没有及时、正确地观察和判断道路情况而造成操作失误。如情绪急躁、精神分散、思绪烦乱、身体不适等，都可能造成注意力下降、反应迟钝，表现出瞭望观察不周、遇到情况采取措施不及时或不当，也有的只凭主观想象判断情况，或过高、过分自信地估计自己的经验技术，引起操作失误导致事故。

3. 车况不良

车况不良是指车辆有缺陷和故障，极易在运行过程中导致人员伤亡事故的发生。例如，车辆的刹车装置失灵，关键时候刹不住车；车辆的转向装置有故障，转向时冲到路外或转不了弯；车辆的灯光信号损坏或不能正确地指示等。

4. 道路环境不良

（1）道路条件差。如由于厂区道路和厂房内、库房内通道狭窄、曲折，造成车辆通行困难。

（2）视线不良。如由于厂区内建筑物较多，特别是车间、仓库之间的通道狭窄且交叉和弯道较多，致使驾驶员在驾车行驶中的视距、视野大大受限。

（3）因风、雪、雨、雾等自然环境的变化，使驾驶员视线、视距、视野以及听力受到影响，往往造成判断情况不及时，再加上雨水、积雪、冰冻等使得路面太滑，这些均会造成事故的发生。

5. 管理不良

（1）规章制度或操作规程不健全。

（2）车辆安全行驶制度不落实。

（3）无证驾车。

（4）交通信号、标志、设施缺陷等。

四、厂内机动车运输作业事故预防

（1）驾驶员须经考核合格后取得机动车驾驶证或特种设备作业人员证。

（2）厂区内行车速度不得超过 15 km/h，天气恶劣时不得超过 10 km/h，倒车及出入厂区、厂房时不得超过 5 km/h，不得在平行铁路装卸线钢轨外侧 2 m 以内行驶。

（3）装载货物时不得超载，而且货物的高度、宽度和长度应符合相关规定。对于较大和易滚动的货物，应用绳索拴牢。对于超出车厢的货物，应有托架。

（4）装载超过规定的不可拆解货物时，必须经过企业交通安全管理部门的批准，派专人押运，按指定的线路、时间和要求行驶。

（5）装运炽热货物及易燃、易爆、剧毒等危险货物时，应遵守《工业企业厂内铁路、道路运输安全规程》（GB 4387—2008）的规定。

（6）装卸时，车辆与堆放货物之间的距离一般不得小于 1 m，与滚动物品的距离不得小于 2 m。装卸货物的时候，驾驶室内不得有人，不准将货物经过驾驶室的上方装卸。

（7）多辆车同时进行装卸时，前后车辆的间距应不小于 2 m，横向两车厢板的间距不得小于 1.5 m，车身后厢板与建筑物的间距不得小于 0.5 m。

（8）倒车时，驾驶员应先查明环境情况，确认安全后，方可倒车。必要时，应有人在车后进行指挥。

（9）随车人员应坐在安全可靠的指定部位，严禁坐在车厢侧板上或驾驶室顶上，也不得站在踏板上，手脚不得伸出车厢外。严禁扒车和跳车。

五、电动车安全事故预防

电动车给我们工作带来方便的同时，也带来了很多安全事故隐患。随着电力驱动车辆技术的发展，我国施工现场内使用的电动运输车辆数量越来越多。大量电动运输车辆的使用给施工带来便利的同时，也给安全管理带来了挑战。

电动车因电池原因造成的事故多发，应着重做好电动车充电环节的安全管理。

（1）使用配置相符的充电器，严禁充电器混用。充电时充电器上方严禁放置易燃物或把充电器放置在易燃物上，充电完毕后要及时切断电源，以防长时间充电引发安全事故。

（2）电动车充电前，需对电动车进行安全状态确认，对充电器、插座、插头、线路进行检查。雨雪天气充电时，充电前应检查充电器是否进水。

（3）严格遵守充电操作规程，如发现供电设施故障要及时告知专业人员，不得擅自处理。

（4）充电处配备的专用消防器材非应急情况下严禁随意动用。

（5）定期检修电动车线路，高温天气应等待车辆及电池温度降下来后再充电。

（6）定期更换车辆相匹配的电池，严禁使用劣质、串用电池。严禁违规改装电动车。

（7）加强巡视巡查。生产经营单位要建立电动车日常消防管理和防火巡查制度，对临电线路、充电设施等明确专人负责，对电动车固定充电设施及消防设施、器材等进行统一管理，定期组织开展防火检查，加强夜间防火巡查，及时发现并消除火灾隐患。

（8）广泛开展消防教育培训。生产经营单位要通过设置宣传栏、张贴宣传海报、组织电动车火灾现场警示教育、开展专题培训等方式，定期开展电动车火灾防范的消防宣传教育工作，提高作业人员的消防安全意识。要定期开展消防应急演练。

六、汽车、铲车运输事故预防

（1）汽车驾驶员必须持有相应的驾驶证件，熟悉车辆性能。

（2）驾驶车辆时必须携带驾驶证、行车证或特种设备作业人员证等证件，不得驾驶与证件规定不相符的车辆，不准将车辆交给不熟悉该车性能或无证的人员驾驶。

（3）驾驶新类型车辆，必须先经过专门培训，熟悉车辆各部分的结构、性能、用途，做到会驾驶、会保养、会排除简单故障。对操纵技术难度较大的车辆，在考试合格取证后，方可单独驾驶。

（4）驾驶员必须执行调度的命令，根据任务单出车，并对车辆的正确运行、安全生产、完成定额指标负有直接责任。

（5）驾驶员必须严格遵守交通安全法律法规和规章制度，服从管理人员的指挥、监察，积极维护交通秩序，保障生命财产的安全。

（6）驾驶车辆时必须集中精神，不准闲谈、饮食、吸烟，不准做与驾驶无关的事情。

（7）车辆不准超载运行，不准带“病”运行，在行驶中发现有异响、发热等异常情况，应停车查明原因，待故障排除后方可继续行驶。返回后，应及时报告有关部门并做好相应的记录。

（8）油料着火时不得浇水，应用车载灭火器、沙土、湿麻袋等扑救。电线着火时应立即关闭电闸，拆除一根蓄电池电线，以切断电源。

（9）汽车在厂内的行驶速度，必须严格遵守下列规定：

1）在厂区道路上行驶，不得超过 20 km/h。

2）出入厂区大门及倒车时，不得超过 5 km/h。

3）在车间内及出入车间大门时，不得超过 3 km/h。

4）在转弯处或视线不良处，应减速行驶。

（10）汽车在厂内装卸货物时，必须严格遵守下列安全要求：

1）根据本车负荷吨位装载，不允许超载。

2）装载货物的高度不允许超过 3. 5 m（从地面算起）。

3）装载零散货物的高度，不要超过两侧厢板，必要时可将两侧厢板加高，以防货物掉下砸伤人员。

4）装载较大或易滚动的货物，应用绳索绑紧拴牢。

5）装载的大件、重件应放在车体中央，小件、轻件应放在两侧，以免行车转弯或急刹车时造成事故。

6）装载长大物件超过车体时，应备有托架或加挂拖车。

7）在装卸货物时，特别是使用起重机械装卸货物时，不允许同时检查和修理车辆，无关人员也不得进入装卸作业区。

8）装卸货物时，汽车与堆放货物之间的距离一般不得小于 2 m，与滚动货物的距离不得小于 3 m，以保证货物坠落、滚动时人员有足够的距离避险。

（11）铲车在行驶中，无论是空载还是载货，其车铲距地面均不得低于 0. 3 m，但也不得高于 0. 5 m。

（12）铲车在铲货物时，应先将货物垫起，然后起铲。货物放置要平稳，不得偏重和偏高。起铲后，还应将货物向后倾斜 10°～15°，以增加稳定性。

（13）铲车应根据其倾斜角度确定其载重量，不得超负荷使用。

（14）铲车在铲货物时，无关人员不得靠近，特别是当货物升起时，其下方严禁有人站立和通过，以防货物坠落砸人。

（15）严禁任何人站在车铲上或车铲的货物上随车行驶，也不得站在铲车车门上随车行驶。

七、非机动车运输事故预防

工厂内除了大量使用各种机动车辆外，有时还采用手推车、三轮车等人力车进行运输。此外，许多职工还骑自行车在厂区道路上行驶。这类非机动车运输作业及通行，必须注意如下安全事项：

（1）手推车的结构要坚固可靠，车体下部应装有停放叉架，以使装卸时保持车体平衡，防止车辕翘起打伤人员。无支架的手推车，在装卸货物时，要有人扶住车把，保持车体平衡。

（2）三轮车的结构应牢固可靠，必须装设刹车机构和车铃，传动的链条需装设防护罩。装载货物时，不得超载、超重或偏重，应放置平稳。行驶速度不得过快，更不允许与机动车辆抢道。

（3）自行车一定要有车铃、刹车、链条防护罩等安全装置。

（4）在厂房内严禁骑自行车。在厂区道路上骑自行车，严禁带人、双撒把或骑车速度过快，更不得尾随机动车辆或与机动车辆抢道。

八、运输危险品的安全要求

（1）向托运单位了解所运危险品的性质及注意事项，以便采取必要的安全措施。

（2）装载危险品的车辆，应在右前方插上一面“危险品”字样的黄旗，车上应备有消防器具，要有导除静电的接地装置或在排气管上装好阻火器，严禁烟火上车。

（3）装车时，禁止反复剧烈震动，不准将货物拖、拉、翻滚或抛掷，应轻拿轻放。

（4）装车时，应注意货物包装是否牢固，按标记要求勿使其倒置，箱与箱之间要挤紧，以减少运输过程中的震动。

（5）车装好后，要用篷布盖严，注意防潮防晒。

（6）装运炸药、雷管等易爆物品时，炸药与雷管必须分车装运，装载时必须小心轻放，切忌碰撞。

（7）行驶时，不要急骤起步、紧急停车。车开得要平稳，转弯要减速，不要任意超车及高速行驶，要适当加大同向行车的间距，也不要在厂区内的非卸车点停车。

（8）有爆炸危险的设备必须有泄压装置，有可能回火的设备必须有阻止回火的装置才能装运。

（9）互相接触容易引起燃烧、爆炸的物品，不得混装在同一车辆内。

（10）装卸、搬运各种危险化学品时，必须轻拿轻放，严禁撞击、重压、摩擦和倾倒，并穿戴好必要的劳动防护用品。工作完毕后，要对人身、衣物进行清洗消毒。

（11）各种气瓶的装卸、搬运，事先必须认真检查，对于缺少安全防护圈和瓶口螺帽及螺纹丝扣损坏两牙以上的，不准装运。装卸中严禁烟火、碰撞，不得接触油类。

（12）中途停车或装载时，应选择阴凉、离开火源和人群密集的地方，驾驶员不可离开车辆，不得让其他无关人员接近车辆。

（13）夏季装运危险品要避免在中午烈日下工作，必须装运时，要有遮阳设施，防止货物被暴晒。

九、厂内道路安全事故预防

1. 厂内道路的基本安全要求

（1）厂内道路可分为如下几类：

1）主干道。全厂性主要道路，一般为主要出入口道路。

2）次干道。厂内仓库、车间、码头等之间的主要交通运输道路。

3）辅助道。车辆和行人通行较少的道路（如专供通往厂内外水泵站、总变电所等的道路）及消防道路等。

4）车间引道。车间、仓库等出入口与主次干道或辅助道相连接的道路。

5）人行道。专供行人行走的道路。

（2）厂内道路有关规定如下：

1）厂内道路的转弯半径设计应便于车辆通行，经常运送易燃易爆危险品的专用道路，最大纵坡应不得大于6%。

2）跨越道路上空架设管线或其他构筑物距路面的最小净高不得小于5 m，现有低于5 m的应在扩建、改建时解决。

3）厂内道路应设置交通标志，其设置位置、形式、尺寸、颜色等须符合国家安全标志标准和有关现行规定。

4）易燃易爆产品的生产区域或储存仓库区，应根据安全生产的需要，将道路划分为限制车辆通行或禁止车辆通行的路段，并设置标志。

5）厂内道路的交叉路口，高峰时间每小时机动车流量超过200辆，或者自行车、行人流量超过2 000人次，或者交通量比较繁忙而视线条件达不到规定要求，均应有人指挥或设置信号灯。

6）厂内道路应保持路面平整、路基稳固、边坡整齐、排水良好，并应有完好的照明设施。

7）大中型厂的厂内道路应采取交通分流，人流较大的主干道两侧，应修筑人行道。

8）路面较狭窄或交通量大、容易堵塞的厂内道路，应尽量实行单向通行。

9）厂内道路在弯道、交叉路口的横净距范围内，不得有妨碍驾驶员视线的障碍物。

10）厂区或各主要车间应设置自行车棚，对自行车进行集中管理。

2. 道路交叉处安全要求

道路的交叉处，应保证车辆驾驶员有足够的视野。视野就是当眼睛注视一个目标时，注视点以外的一定空间以内的物体也能看得见的空间范围。把头部和眼球都固定后所能看到的范围称为静视野，把头部固定不动而眼球自由转动，这样所能看到的范围称为动视野。在视野范围内不应有阻碍视线的障碍物，如无法保证足够的视野，则必须有相应的措施，如设交通指挥岗或设置凸面镜等。在交通繁忙的道路交叉处应设置交通指挥岗、红绿灯。

3. 车间通道、停车场安全

车间内行车通道应根据运输件尺寸、车辆宽度和通行的频繁程度而定，一般应满足双行通道的宽度不小于两台最宽车辆宽度之和再加 0.9 m，单行通道应不小于最宽车辆宽度再加 0.6 m。停车场为了便于排水，一般都设计为 5% ~10% 的坡度。

第七节 建筑施工事故预防

一、建筑施工安全事故概述

建筑施工安全事故是指在建筑工程施工过程中，在施工现场突然发生的可能导致人员伤亡（包括人员急性中毒）、设备损坏、建筑工程倒塌或废弃、安全设施遭破坏的，迫使施工活动暂时或永久停止的意外事件。

我国建筑业虽然有了很大的发展，但是至今大多数工种仍然没有根本变化，如抹灰工、瓦工、混凝土工、架子工等仍以手工操作为主。建筑施工各工种任务繁重、体力消耗大，加上室外作业环境恶劣，如受不良光线、雨雪、风霜、雷电等影响，导致作业人员注意力不集中或心情烦躁，违章作业的现象十分普遍。

从建筑物的建造过程以及建筑施工的特点可以看出，施工现场的作业人员从地基到主体到屋面分项施工，要从地下到地面，再上到高处，经常处在露天、高处和交叉作业的环境中。建筑施工中的高处坠落、物体打击、触电和机械伤害等伤亡事故发生率多年来一直居高不下。

据全国建筑施工事故人员死亡数据分析，高处坠落事故死亡人数占建筑施工事故死亡总数的53.10%，坍塌事故死亡人数占14.43%，物体打击事故死亡人数占10.57%，机械伤害事故死亡人数占9.82%，触电事故死亡人数占7.18%，这5类事故合计事故死亡人数占建筑施工事故死亡总数的95%以上。

建筑施工事故具有安全事故的一般特性，如普遍性、随机性、必然性、因果相关性、突变性、潜伏性、危害性、不可逆转性以及可预防性等。同时，建筑施工过程中发生的安全事故有其特殊性，主要表现为以下4个方面。

（1）严重性。建筑工程发生安全事故，其影响往往较大，会直接导致人员伤亡或财产损失，重大安全事故往往会导致群死群伤或财产的巨大损失。长期以来，建筑施工安全事故死亡人数和事故起数仅次于交通、矿山行业，成为人们关注的热点问题之一。因此，对建筑施工的事故隐患绝不能掉以轻心，一旦发生安全事故，会造成无法挽回的损失。

（2）复杂性。建筑施工生产的特点，决定了其安全事故的原因错综复杂，即使同一类安全事故，其产生原因也可能多种多样。这样，在对建筑施工安全事故进行分析时，增加了判断其性质、原因（直接原因、间接原因）等的复杂性。

（3）可变性。许多建筑施工中出现的安全事故隐患并非静止的，而是有可能随着时间而不断地发展、恶化的，若不及时整改和处理，往往发展为严重或重大安全事故。因此，在分析与处理事故隐患时，要重视其可变性，应及时采取有效措施，进行纠正、消除，杜绝其发展、恶化为安全事故。

（4）多发性。建筑施工中的安全事故，往往在建筑工程某部位或施工项目某工序或某项作业活动中经常发生，如物体打击事故、触电事故、高处坠落事故、坍塌事故、起重事故等。因此对多发性安全事故，应注意吸取教训、总结经验，采取有效预防措施，加强事前控制与事中控制。

二、脚手架作业事故预防

脚手架是高处作业设施，在搭设、使用和拆除过程中，为确保作业人员的安全，重点应落实好脚手架的预防垮塌、防电防雷击及其安全管理等措施。

1. 预防垮塌措施

脚手架如果搭设质量不好，随时都有可能发生垮塌，造成人身伤害事故。防止脚手架垮塌，重点是把好“七道关”。

（1）材料关。严格按规定的质量、规格选择材料。

（2）尺寸关。必须按规定的间距尺寸搭设立杆、横杆、剪刀撑、栏杆等。

（3）铺板关。架板必须满铺，不得有空隙和探头板、飞跳板，并经常清除板上杂物，保持其清洁、平整。架板的厚度必须在 5 cm 以上。

（4）连接关。脚手架必须按规定设置剪刀撑和横向斜撑。

（5）承重关。作业人员不准在脚手板上跑、跳、挤。堆料不能过于集中，堆砖只允许单行侧摆 3 层。混凝土砌筑结构脚手架施工均布荷载标准值不大于 3 kN/m^2，装修脚手架施工均布荷载标准值不大于 2 kN/m^2，其他架子（桥架、吊篮、挂架等）必须经过计算和试验来确定其承重荷载，如必须超载，应采取加固措施。

（6）挑梁关。悬挑式脚手架，除吊篮按规定加工、设栏杆防护和立网外，挑梁架设要平坦和牢固。

（7）检验与维护关。验收合格后，方准上架作业。要建立安全责任制，按责任制对脚手架进行定期和不定期的检查和维护。使用过程中也要经常对架子进行检查，检查要仔细周密，对各种杆件、连接件、跳板、安全设施以及斜道上的防滑条要全面检查，不符合安全要求的要及时处理。要坚持雨、雪、风天气之后和停工复工之后的及时检查，对有缺陷的杆、板要及时更换，松动的要及时固定牢，发现问题要及时处理，确保使用安全。

2. 防电防雷击措施

（1）脚手架作业安全用电。脚手架周边与外电架空线路的边线之间的最小安全操作距离应满足作业规范要求。一般电线不得直接捆在金属架杆上，必须捆扎时应加垫木隔离。

脚手架需要穿越或靠近 380 V 以内的电力线路时，距离应在 2 m 以上。如距离在2 m以内时，在架设和使用期间，应采取可靠的绝缘措施。对电线和脚手架进行包扎隔离，可用橡胶布等绝缘性能好的材料由电工包扎。包扎好的电线，应用麻绳扎牢，用瓷瓶固定，与脚手架保持一定距离。脚手架采取接地处理，如电力线路垂直穿过或靠近钢管脚手架时，应将电力线路至少2 m以内的钢管脚手架水平连接，并将线路下方的脚手架垂直连接进行接地；如电力线路和钢管脚手架平行靠近时，应将靠近电力线路的一段钢管脚手架在水平方向连接，并在靠墙的一侧每隔25 m设一接地极，接地极入土深度为2～2.5 m。

（2）脚手架防雷措施。目前，脚手架多数使用易导电钢质材料，而且搭设又往往高于附近的建筑物，因此易遭雷击。为避免作业人员遭到雷击，脚手架必须采取防雷击措施。一般都采取安装避雷装置的方法，避雷装置由接闪器、引下线、接地极三部分组成。

3. 安全管理措施

（1）脚手架安装与拆除人员必须是经考核取证的专业架子工，架子工应持证上岗。

（2）安装与拆除脚手架人员必须戴安全帽、系安全带、穿防滑鞋。

（3）脚手架的构配件质量与搭设质量，应按规定进行检查验收，并在确认合格后使用。

（4）脚手架使用的钢管上严禁打孔。

（5）脚手架作业层上的施工荷载应符合设计要求，不得超载。不得将模板支架、缆风绳、泵送混凝土和砂浆的输送管等固定在架体上，架体上严禁悬挂起重设备，严禁使用期间拆除或移动架体上的安全防护设施。

（6）满堂支撑架在使用过程中，应设有专人监护施工，当出现异常情况时，应停止施工，并迅速撤离作业面上人员。应在采取确保安全的措施后，查明原因，做出判断和处理。

（7）满堂支撑架顶部的实际荷载不得超过设计规定。

（8）当有6级及以上强风、浓雾、雨雪天气时，应停止脚手架安装与拆除作业。雨雪后上架作业应有防滑措施，并及时扫除积雨雪。

（9）夜间不宜进行脚手架安装与拆除作业。

（10）脚手架的安全检查与维护，应按操作规范执行。

（11）脚手架架板应铺设牢靠、严实，并应用安全网双层兜底，施工层以下每隔 10 m 应用安全网封闭。

（12）单双排脚手架、悬挑式脚手架沿墙体外围应用密目式安全网全封闭，密目式安全网宜设置在脚手架外立杆的内侧，并应与架体绑扎牢固。

（13）在脚手架使用期间，严禁拆除主节点处的纵横向水平杆、纵横向扫地杆、连墙件等杆件。

（14）当在脚手架使用期间须开挖脚手架基础下的设备或管沟时，必须对脚手架采取加固措施。

（15）满堂脚手架与满堂支撑架在安装过程中，应采取防倾覆的临时固定措施。

（16）临街安装脚手架时，外侧应有防止坠物伤人的防护措施。

（17）在脚手架上进行电焊、气焊作业时，应有防火措施和专人看守。

（18）安装脚手架时，地面应设围栏和警戒标志，并应派专人看守，严禁非操作人员入内。

三、建筑施工高处作业事故预防

1. 临边作业安全措施

（1）在坠落高度基准面 2 m 及以上高处进行临边作业时，应在临空一侧设置防护栏杆，并应采用密目式安全立网或工具式栏板封闭。

（2）分层施工的楼梯口、楼梯平台和梯段边应安装防护栏杆，外设楼梯口、楼梯平台和梯段边还应采用密目式安全立网封闭。

（3）建筑物外围边沿处，应采用密目式安全立网进行全封闭，有外脚手架的工程，密目式安全立网应设置在脚手架外侧立杆上，并与脚手杆紧密连接。没有外脚手架的工程，应采用密目式安全立网将临边全封闭。

（4）施工升降机、龙门架和井架物料提升机等各类垂直运输设备设施与建筑物间设置的通道平台两侧边，应设置防护栏杆、挡脚板，并应采用密目式安全立网或工具式栏板封闭。

（5）各类垂直运输接料平台口应设置高度不低于1.8 m的楼层防护门，并应设置防外开装置。多笼井架物料提升机通道中间，应分别设置隔离设施。

2. 洞口作业安全措施

（1）在洞口作业时，应采取防坠落措施，并应符合下列规定：

1）当垂直洞口短边边长小于0.5 m时，应采取封堵措施；当垂直洞口短边边长大于或等于0.5 m时，应在临空一侧设置高度不小于1.2 m的防护栏杆，并应采用密目式安全立网或工具式栏板封闭，设置挡脚板。

2）当非垂直洞口短边尺寸为0.25～0.5 m时，应采用承载力满足使用要求的盖板覆盖，盖板四周搁置应均衡，且应防止盖板移位。

3）当非垂直洞口短边边长为0.5～1.5 m时，应采用专项设计盖板覆盖，并应采取固定措施。

4）当非垂直洞口短边边长大于或等于1.5 m时，应在洞口作业侧设置高度不小于1.2 m的防护栏杆，并应采用密目式安全立网或工具式栏板封闭，洞口应采用安全平网封闭。

（2）电梯井口应设置防护门，其高度应不小于1.5 m，防护门底端距地面高度应不大于0.05 m，并应设置挡脚板。

（3）在进入电梯安装施工工序之前，井道内应每隔10 m且不大于2层加设一道水平安全网。电梯井内的施工层上部，应设置隔离防护设施。

（4）施工现场通道附近的洞口、坑、沟、槽、高处临边等危险作业处，应悬挂安全警示标志，夜间应设灯光警示。

（5）边长不大于0.5 m洞口所加盖板，应能承受不小于1.1 kN/m^2 的荷载。

（6）墙面等处落地的竖向洞口、窗台高度低于0.8 m的竖向洞口及框架结构在浇注完混凝土没有砌筑墙体时的洞口，应按临边防护要求设置防护栏杆。

3. 防护栏杆的构造

（1）临边作业的防护栏杆应由横杆、立杆及不低于0.18 m高的挡脚板组成，并应符合下列规定：

1）防护栏杆应为两道横杆，上杆距地面高度应为 1.2 m，下杆应在上杆和挡脚板中间设置。

2）当防护栏杆高度大于 1.2 m 时，应增设横杆，横杆间距应不大于 0.6 m。

3）防护栏杆立杆间距应不大于 2 m。

（2）防护栏杆立杆底端应固定牢固，并应符合下列规定：

1）当在基坑四周土体上固定时，应采用预埋或打入方式固定。当基坑周边采用板桩时，如用钢管做立杆，钢管立杆应设置在板桩外侧。

2）当采用木立杆时，预埋件应与木杆件连接牢固。

（3）防护栏杆杆件的规格及连接，应符合下列规定：

1）当采用钢管作为防护栏杆杆件时，横杆及栏杆立杆应采用脚手架钢管，并应采用扣件、焊接、定型套管等方式进行连接固定。

2）当采用原木作为防护栏杆杆件时，杉木杆稍径应不小于 80 mm，红松、落叶松稍径应不小于 70 mm。栏杆立杆木杆稍径应不小于 70 mm，并应采用 8 号镀锌铁丝或回火铁丝进行绑扎，绑扎应牢固紧密，不得出现松滑现象。用过的铁丝不得重复使用。

3）当采用其他型材作防护栏杆杆件时，应选用与脚手架钢管材质强度相当规格的材料，并应采用螺栓、销轴或焊接等方式进行连接固定。

（4）栏杆立杆和横杆的设置、固定及连接，应确保防护栏杆在上下横杆和立杆任何处均能承受任何方向的最小 1 kN 外力作用，当栏杆所处位置有发生人群拥挤、车辆冲击和物件碰撞等可能时，应加大横杆截面或加密立杆间距。

（5）防护栏杆应张挂密目式安全立网。

四、建筑施工安全网

1. 建筑施工安全网的选用

（1）建筑施工安全网的材质、规格、要求及其物理性能、耐火性、阻燃性应满足《安全网》（GB 5725—2009）的规定，密目式安全立网的网目密度应为 10 cm ×

10 cm = 100 cm^2 面积上大于或等于 2 000 目。

（2）当需采用平网进行防护时，严禁使用密目式安全立网代替平网使用。

（3）施工现场在使用密目式安全立网前，应检查产品分类标记、产品合格证、网目数及网体重量，确认合格后方可使用。

（4）安全网搭设应牢固、严密，完整有效，易于拆卸。安全网的支撑架应具有足够的强度和稳定性。

（5）密目式安全立网搭设时，每个开眼环扣应穿入系绳，系绳应绑扎在支撑架上，间距不得大于 450 mm。相邻密目网间应紧密结合或重叠。

（6）当立网用于龙门架、物料提升架及井架的封闭防护时，四周边绳应与支撑架贴紧，边绳的断裂张力不得小于 3 kN，系绳应绑在支撑架上，间距不得大于 750 mm。

（7）用于电梯井、钢结构和框架结构及构筑物封闭防护的平网应符合下列规定：

1）平网每个系结点上的边绳应与支撑架靠紧，边绳的断裂张力不得小于 7 kN，系绳沿网边均匀分布，间距不得大于 750 mm。

2）钢结构厂房和框架结构及构筑物在作业层下部应搭设平网，落地式支撑架应采用脚手架钢管，悬挑式平网支撑架应采用直径不小于 9. 3 mm 的钢丝绳。

3）电梯井内平网网体与井壁的空隙不得大于 25 mm。安全网拉结应牢固。

2. 建筑施工安全网的使用

（1）建筑施工过程中，为防止人、物坠落事故和减少环境污染，在建工程外侧必须使用密目式安全立网进行全封闭。

（2）为防止落物打击，在物料提升机架体外侧沿全高应使用立网（不要求用密目式安全立网）进行防护。立网防护不应遮挡物料提升机司机的视线。

（3）电梯井口、采光井和螺旋楼梯等处，除按《建筑施工高处作业安全技术规范》（JGJ 80—2016）的规定设置防护设施外，还要在井口内首层及每隔两层且不大于 10 m 架设一道安全平网；电梯与各层站过桥和运输通道，应在两侧设置两道护身栏杆及挡脚板，并用立网封闭。

（4）烟囱、水塔等独体建筑物施工时，建筑物内部首层及每隔两层且不大于10 m架设一道安全平网。

（5）头层墙高度超过3.2 m的二层楼面周边，以及无外脚手架的高度超过3.2 m的楼层周边，必须在外围架设一道安全平网。

（6）搭设临边防护栏杆时，防护栏杆必须自上而下用安全立网封闭；卸料平台两侧的栏杆，必须自上而下搭设安全立网或满扎竹笆；起重吊装所搭设的脚手架或操作平台，临边应设置防护栏杆和封挂密目网；物料提升机的防护棚两侧应沿栏杆用密目网封严，防止人员从侧面进入。

（7）当临边的外侧面临街道时，除防护栏杆外，敞口立面必须采取满挂安全立网或密目式安全立网做全封闭处理。

（8）边长为1.5 m以上的洞口，四周应设防护栏杆，洞口下应搭设安全平网。

（9）结构吊装时，可设置移动式节间安全平网，随节间吊装平网可平移到下一个节间，以保证节间高处作业人员的安全。《建筑施工高处作业安全技术规范》（JGJ 80—2016）规定：屋架吊装以前，应预先在下弦搭设安全平网，吊装完毕后，即将安全平网铺设固定。

（10）钢筋绑扎时的悬空作业，绑扎圈梁、挑梁、挑檐、外墙和外柱等钢筋时，应搭设操作台架和安全平网。

（11）混凝土浇筑时的悬空作业，特殊情况下如无可靠的安全设施，应搭设安全平网。

（12）悬空进行门窗作业时，在高处外墙安装门窗，无外脚手架时，应搭设安全平网。

（13）脚手架作业铺设脚手板一般应至少两层，上层为作业层，下层为防护层，这样当上层（作业层）脚手板发生问题有人、物坠落时，下层能起防护作用。当脚手架作业层的脚手板下无防护层时，应尽量靠近作业层处挂一层安全平网作为防护层，安全平网不应离作业层过远，应防止坠落时安全平网与作业层之间小横杆的伤害。

五、建筑施工用电事故预防

1. 电气设备安全技术规定

（1）各类机械设备的电气装置应实行专人负责制，必须按规程要求定期检查，确保其运行正常。

（2）未经动力部门检查合格的电气设备，不准安装使用。

（3）低压电气设备和器材的绝缘电阻不得低于规定要求，露天使用的电气设备应有良好的防雨性能或采取有效的防雨措施，水淋受潮的电气设备须经绝缘测试合格后方可使用。

（4）电动机应装设过载和短路保护装置，并应根据需要装设断相和失压保护装置。每台电动机应有单独的操作开关。

（5）移动机具如空气压缩机、电焊机、平刨、圆锯等应装随机控制的交流接触或铁壳开关。

（6）施工现场的手持电动工具必须严格按照《手持式电动工具的管理、使用、检查和维修安全技术规程》（GB 3787—2017）和手持式可移动式电动工具的安全系列国家标准的要求进行管理、使用、检查和维修。

（7）电焊机的外壳应完好，其一次、二次侧的接线柱应有防护罩保护，一次侧电源应用橡套电缆线，一般长度不得超过 5 m。

（8）施工现场临时照明线路必须由专业的现场电工按有关规定安装，限期拆除，严禁其他人擅自安装。

（9）现场的照明一律采用软质橡皮护套线并有漏电保护开关。施工现场的照明电压规定：一般施工现场为 220 V；工作手灯为 36 V；危险场所为 36 V；无触电保护措施的移动式照明为 36 V；顶管管内作业为 36 V；工作面窄场所为 12 V；特别潮湿场所为 12 V；金属容器内为 12 V。

（10）移动式碘钨灯的金属支架应有可靠的接地（接零）保护和漏电开关保护，灯具距地不低于规定距离。

2. 电气设备保护接地与接零安全技术规定

（1）所有电气设备的金属外壳以及和电气设备连接的金属构架等，必须采取有效的接地或接零保护。

（2）中性点不接地系统中的电气装置外壳应采用保护接地，接地体、接地线及其连接必须严格按有关规定的要求选材和安装。

（3）中性点直接接地系统中的电气装置应采用接零保护，接零保护装置应严格按规范进行安装。低压架空线路的干线和分支线始端和终端以及沿线应有重复接地，配电箱及起重机道轨也应有重复接地。

（4）同一供电系统中，不能将一部分电气设备接地，而将另一部分电气设备接零。

（5）所有电气设备的保护零线应以并联方式与零干线连接，零线的断面不应小于相线载流量的一半，零线上不准装设开关和熔断器。单相电气设备必须设置单独的保护零线，不得利用设备自身的工作零线兼做接零保护。

（6）塔吊的接地极应在轨道的两端各设一组，每超过一定距离，应增设一组，其接地电阻应符合要求。

（7）金属脚手架、井架、塔吊和长度超过 10 m 的建筑物，应按规定设置防雷装置和接地装置，接地电阻不得大于规定要求。

3. 配电箱安全技术规定

（1）从现场总配电装置至各用电设备，应经过多级配电装置，各级配电装置的容量应与实际负载匹配，其结构类型、盘面布置和系统接线均要做到规范化。

（2）Ⅰ型电源配电箱（下杆电箱）作为总变配电装置后的第二级配电装置，应靠近用电集中处；Ⅱ型电源配电箱（分电箱）作为第三级配电装置，可直接向负载供电，应做到“一闸一机”，开关应采用与用电设备相匹配的漏电开关；Ⅲ型电源配电箱作为搅拌机、卷扬机等专用设备使用的第四级配电装置，应设在设备附近。各型配电箱内可设由漏电开关控制的备用插座，供维修时另接设备用。

（3）拖线箱作为移动式配电装置，必须有可靠的防雨措施和接地保护，开关或分路熔断器必须与用电设备匹配，同一箱体内不得用单相三眼和三相四眼不同电源的插座。

（4）各类插座必须符合国家标准，并保护完好。单相电源的设备，必须使用单相三眼插座。插座上方应有单独分路熔断器保护，其接地线不准串联。

（5）各种熔断器的熔体必须严格按规定合理选用，各级熔体应相互匹配。

（6）各级配电箱应明确专人负责，做好检查维修和清洁工作。配电箱内应保持整洁，不准存放任何东西，周围应保持通道的畅通。

（7）熔断器的熔体应采用合格的铅合金熔丝，严禁用铁丝、铝丝等非专用熔丝替代，严禁用多股熔丝代替一根较大的熔丝。

4. 输配电线路安全技术规定

（1）施工现场供电线路的安装架设应做到规范化、条理化，严禁乱拖乱拉。

（2）施工现场不得架设裸导线，输电干线、分支线及设备电源线的绝缘应符合规程要求，合杆多层架设的层间距一般不小于0.6 m。

（3）架空导线的截面必须满足安全载流量、机械强度和电压损失的要求，工作零线与保护零线应分开。

（4）施工现场的架空线路与施工建筑物、大型起重设备必须保持规程规定的安全距离，与地面、道路必须保持规程规定的高度。

（5）若施工现场位于高压架空线一侧，须搭设防护架，井架和脚手架高于高压线的部位必须全部张设安全网。起重机械不得在高压线下方作业，在其一侧工作时，起重臂、钢丝绳和吊物与高压线必须保持规程规定的安全距离。

（6）施工现场临时线路的架设，必须经本单位动力设备部门批准，并签注使用期限，期满后必须立即拆除。临时线路必须由专职电工负责安装、维修和拆除。

（7）每幢建筑物的电源进线不得超过两路，如需用多路电源，应从分电箱合理配电。

（8）6级及以上大风、大雪及雷雨天气，施工单位应立即组织巡视检查，发现问题应及时采取措施。

5. 变配电设施安全技术规定

（1）现场临时变电所及其高低压线路装置均应严格按有关规定进行安装，经验收合格后，方准通电使用。

（2）现场临时变电所的选址要适当，变压器应安装在高于地面的基础上，周围设围墙。变电所外墙应张挂安全警示标志。

（3）变配电设备的检修维护及预防性试验应按规程规定的周期和要求进行，雷雨季节应严格按当地供电部门的检查要求进行全面检查。

（4）严格按规程要求做好防雨雪、防汛、防火和防小动物的工作，保证变配电室有良好的通风条件，保持室内外整洁以及出入通道的畅通。

（5）严格执行高压停送电制度，发现变压器有异常情况时，应立即停机并报告。

（6）配电变压器与施工现场的沟槽（或竖井），应保持必要的安全距离。

（7）凡有人值班的变配电站都有较高安全要求，值班人员对变配电站及其内装备的各种电气设备的安全运行负有重要的责任，应熟悉电气设备配置、性能和电气线路，单人值班不得单独从事检修工作。

6. 施工现场电气安全管理规定

（1）施工现场必须建立健全电气安全管理和责任制度，各级动力设备部门负责电气安全管理，应设置专职（或兼职）人员负责电气安全，各级安全管理部门负责监督检查。施工现场的各类电工在动力设备部门的指导下，负责管辖范围内的电气安全。

（2）各单位在编制工程施工组织设计方案时，必须有专项电气安全设计，包括输电线路的走向，固定配电装置的设置点及其配电容量，大型电气设备、集中用电设备的平面布置等。应有针对性的电气安全技术措施，并严格按设计要求安装。

（3）施工现场的电气设备必须制定有效的安全技术措施。

（4）电气线路和设备安装完工后，由动力设备部门会同安全管理部门、施工单位进行验收，合格后方可投入运行。

（5）必须经常对现场的电气线路和设备进行安全检查，对电气绝缘、接地接零电阻、漏电保护器等开关是否完好情况，必须指定专人定期测试。台汛季节要强化检查，对查出的问题要编制电气安全技术措施计划并限期解决。

（6）施工现场必须建立电气安全管理制度。施工现场电气安全管理制度的内容一般包括如下6个方面：

1）凡是能触及或接近带电体的地方，均应采取绝缘、屏护以及保持安全距离等措施。

2）电力线路和设备的选型必须按国家标准限定安全载流量。

3）所有电气设备的金属外壳必须具备良好的接地或接零保护。

4）所有的临时电源和移动用电工具必须设置有效的漏电保护开关。

5）应有醒目的电气安全标志。

6）无有效安全技术措施的电气设备不准使用。

7. 电工操作安全注意事项

（1）电工作业时必须穿好绝缘鞋，一般情况下严禁带电作业。

（2）登高作业必须两人以上，并戴好安全帽，对用电现场采取安全措施。对所有用电设备要有良好的接地，发现问题要及时修理，不得带电运转。

（3）检查时应切断电源，挂上带有“不准合闸”字样的告示牌。检修送电必须认真检查，确定无问题后才能送电。

（4）各种机械设备严禁超载运转，对违反安全操作规程的，电工有权停止供电。

（5）现场传动机械必须做到“一机一闸”，严禁“一闸多用”。

（6）定期测试井架限位、避雷装置、漏电开关，发现失灵失效的必须及时调换。

（7）电工操作时，必须严格遵守《施工现场临时用电安全技术规范》（JGJ 46—2005）的规定进行作业。

六、建筑施工现场消防安全事故预防

1. 消防安全措施

（1）建立落实防火责任制。建筑施工工地作业人员多，往往几个单位在一个工地施工，管理难度大。因此，必须认真贯彻“谁主管、谁负责”的原则，明确安全责任，逐级签订安全责任书，确保消防安全。

（2）现场要有明显的防火宣传标志。必须配备消防用水和消防器材，要害部位应配备不少于4个灭火器，并经常检查、维护、保养，以保证其灵敏有效。对施工现场的义务消防队队员要定期组织进行教育和培训。

（3）加强施工现场道路管理，合理规划施工现场，留出足够的防火间距。施工现场必须设置临时消防车道，其宽度不得小于3.5 m，并保证全天候畅通，禁止挤占临时消防车道或在其上堆物、堆料。

（4）加强对明火的管理，保证明火与可燃、易燃物堆场和仓库的防火间距，防止飞火，对作业后的残余火种应及时熄灭。

（5）加强电焊、气焊安全操作管理，切实加强临时用电和生活用电安全管理。

（6）在建筑施工现场消防安全管理中，还要对重点工种人员进行培训，特别是要对一些从事火灾危险性较大的工种，如电工、油漆工、焊工、锅炉工等进行专门的消防知识培训，以保证施工现场消防安全。

2. 三级动火审批制度

动火作业是指在生产中动用明火或可能产生火种的作业，如熬沥青、烘砂、烤板等明火作业和凿水泥基础、打墙眼、电气设备的耐压试验、电烙铁锡焊、凿键槽、开坡口等易产生火花或高温的作业等都属于动火作业的范围。动火作业所用的工具一般是指电焊、气焊（割）、喷灯、砂轮、电钻等。

为保证消防安全，建筑施工现场应设固定的动火车间（或场地），同时应加强对临时动火的部位和场所管理，实行三级动火审批制度。

（1）一级动火审批。一级动火的情况有：禁火区域内；油罐、油槽车以及储存过可燃气体、易燃可燃液体的各种容器和设备；各种有压设备；危险性较大的高空焊接与切割作业；比较密闭的房间、容器和场所；作业现场堆存有大量可燃和易燃物质等。一级动火审批制度的基本内容包括：由要求进行动火作业的车间或企业的行政负责人填写动火申请单，交调度部门，由其召集焊工、安全、保卫、消防等有关人员到现场，根据现场实际情况，定出安全实施方案，明确岗位责任，定出作业时间，由参加部门的有关人员在动火申请单上签字，然后交企业主管领导审批。对危险性特别大的动火项目，由企业向上级有关主管部门提出报告，经审批同意后，才能进行动火。

（2）二级动火审批。二级动火的情况有：在具有一定火险因素的非禁火区域内进行临时性焊接与切割作业；小型的油箱、油桶等容器用火作业；登高焊接与切割作业等。二级动火审批制度的基本内容包括：由申请动火作业者填写动火申请单，由车间或工段的负责人召集焊工、车间安全员进行现场检查，在落实安全措施的前提下，车间负责人、焊工和车间安全员在申请单上签字，并交给企业管理部门或保卫部门审批。

（3）三级动火审批。凡属非固定的、没有明显火险因素的场所以及必须临时进行动火作业的都属三级动火范围。三级动火审批制度的基本内容包括：由申请动火者填写动火申请单，由焊工、车间或工段安全员签署意见后，报车间或工段长审批。

3. 施工现场灭火器材配备与使用

临时搭设的建筑物区域内应按规定配备消防器材。一般临时设施区，每 100 m^2 应配备 2 只 10 L 灭火器；大型临时设施总面积超过 1 200 m^2 的，应备有专供消防用的太平桶、积水桶（池），黄砂池等器材设施。上述设施周围不得堆放物品。

临时木工间、油漆间、机具间等每 25 m^2 应配置一只种类合适的灭火器。油库、危险品仓库应配备足够数量、种类合适的灭火机。

建筑施工现场应配备足够的消防器材，并指定专人维护、管理、定期更新，以保证其完整好用。以下为建筑施工现场常用的灭火器及其使用方法。

（1）储压式干粉灭火器。储压式干粉灭火器将干粉与动力（压缩）气体装于一体，其结构主要由筒体、筒盖、出粉管及喷射管组成。使用时，先使灭火器上下颠倒并摇晃几次，使内部干粉松动并与压缩气体充分混合。然后摆正灭火器，拔出手压柄和固定柄（提把）间的保险销，右手握住灭火器喷射管，左手用力压下并握紧两个手柄，使灭火器开启。待干粉射流喷出后，右手根据火灾情况，上下左右摆动，将干粉喷于火焰根部灭火。

（2）外储气瓶式干粉灭火器。这类灭火器主要由二氧化碳储气钢瓶、筒身、出粉管及喷嘴组成。使用时，用力向上提起储气钢瓶上部的开启提环，随后右手迅速握住喷管，左手提起灭火器，通过移动和喷管摆动，将干粉射流喷于火焰根部灭火。

（3）内储气瓶式干粉灭火器。这种干粉灭火器与外储气瓶式相比，其压缩气体小钢瓶装在灭火器内。使用时，拔下保险销，右手迅速握住喷管，左手将手压柄压下并提起灭火器，灭火器则会立即开启。待干粉射流喷出后，右手掌握喷管，将干粉射流对准火焰根部喷射灭火。

使用干粉灭火器时，要注意由上风向向下风向喷射，以免风力影响灭火效果，造成灭火剂的浪费。使用时还要注意，开启操作时，不要距离燃烧物太远，并在喷射时要变换位置或摆动喷射管，从不同的角度对着火物进行扑灭，以提高灭火效率。

七、建筑施工现场常用机械设备伤害事故预防

1. 塔吊安全技术规定

（1）塔吊整体安装或每次爬升后，均须经规定程序验收通过后，才可使用。

（2）塔吊必须有安全可靠的接地装置。

（3）工作前应检查钢丝绳、安全装置、制动装置传动机构等，如有不符合要求的情况，应予修整，经试运转确认无问题后才能投入施工。

（4）操作工应持证上岗，应由持证的指挥工实施指挥。

（5）禁止越级调速或高速时突然停车。

（6）当机构出现不正常情况时，应立即停车，将重物放下，切断电源，找出原因，排除故障后才能继续工作，禁止在工作过程中调整或检修。

（7）必须遵守“十不吊”等有关安全规程。“十不吊”的主要内容如下：

1）歪拉斜牵物体不吊。

2）吊物超载或重量不明不吊。

3）埋在地下或粘连在地面上不知重量的物体不吊。

4）无人指挥、多人指挥、违章指挥或信号不明不吊。

5）小物件未用吊篮或超过吊篮边缘不吊。

6）起吊物上站人或有活动物品不吊。

7）起吊物和附件捆绑不符合安全要求不吊。

8）吊物边缘锋利、棱形物体无防护措施不吊。

9）安全装置失灵不吊。

10）暴雨、暴雪、大雾、6级以上大风等恶劣天气不吊。

（8）塔身加节爬升后应注意校正垂直度，使之偏差不大于千分之一。

（9）塔机在顶升拆卸时，禁止塔身标准节未安装接牢以前离开现场，不得在牵引平台上停放标准节（必须停放时要捆牢）或把标准节挂在起重钩上就离开现场。

（10）工作完毕后，须把吊钩提起，小车收进，所有操作手柄置于零位，切断电源，锁好配电箱，关闭司机室门窗。

2. 施工升降机安全技术规定

（1）施工单位购买的施工升降机都必须按规定办理验收手续，使用有生产许可证的产品。

（2）施工升降机导轨架的稳定是靠与建筑结构进行附着连接来实现的，所以在安装时随着导轨架的搭设，应按该机的技术说明书规定的距离及时进行附着连接。

（3）施工升降机笼是其运载人和物料的构件，含有传动机构、限速器及电器箱等，外侧附有驾驶室，设置了保险开关与门联锁，只有当施工升降机笼前后两道门均关好后才能运转。

（4）各停层应设独立门，该门外的人员应无法随意开启。

（5）限速器是施工升降机的主要安全装置，可以限制施工升降机笼的运行速度，防止坠落，因此必须正确安装后才能运行。

（6）装拆单位必须有专业资质，作业人员必须持特种作业操作证上岗。

（7）安装和拆卸前必须履行安全技术交底，过程中应有专人统一指挥，操作人员必须熟悉图纸和安装与拆卸程序及检查要点。

（8）调试施工升降机笼时，导向滚轮与导轨间隙以施工升降机不能自动下滑为限，在离地面 10 m 高度之内，作上下运行试验。

（9）随着导轨的升高，必须按规定进行附着连接，第一道附着杆距地面应为 10 m 左右，以后每隔 6 m（或按说明书规定）做一道附着连接。

（10）安装完毕应进行整机运行调试，荷载试验按照产品说明书进行，检验合格并领取准用证后方能投入使用。

（11）在拆除平衡重之前，必须对施工升降机附着杆制动器、主传动机构等进行检查，确认正常后方可拆除。

（12）安装、拆卸附着杆，以及各层通道架设铺板时，施工升降机笼应随之停置在作业层的高度，不得在安装、拆卸过程中同时上下运行，安装、拆卸作业人员必须按规定系安全带。

（13）施工升降机应按规定单独安装接地保护和避雷装置。底笼周围 2.5 m 范围内，必须设置稳固防护栏杆，做好运行记录、定期检查记录，特别要检查制动器的灵敏性。当施工升降机未切断电源开关前，司机不能离开操纵岗位。操纵室应有灭火器具。

3. 钢筋冷拉机安全技术规定

（1）钢筋冷拉场地应在两端地锚外侧设置警戒区，并安装防护栏及警告标志，无关人员不得在此停留。操作人员在作业时必须距离钢筋 2 m 以上。

（2）用配重控制的设备应与滑轮匹配，并有指示起落的记号，没有指示记号时应有专人指挥。配重框提起时，其高度应限制在距地面0.3 m以内，配重架四周应有栏杆及警告标志。

（3）卷扬机操作人员必须看到指挥人员发出信号，并待所有人员离开危险区后方可作业。冷拉应缓慢、均匀，当有停车信号或见到有人进入危险区时，应立即停拉，并稍放松卷扬钢丝绳。

（4）用延伸率控制的装置，应装设明显的限位标志，并有专人负责指挥。

（5）夜间作业的照明设施，应装设在张拉危险区外。当需要装设在场地上空时，其高度应超过5 m。照明用灯泡应加防护罩，其导线严禁采用裸线。

（6）作业后，应放松卷扬钢丝绳，落下配重，切断电源，锁好开关箱。

4. 钢筋切断机安全技术规定

（1）机械未达到正常转速时，不得切料。切料时，应使用切刀的中下部位，紧握钢筋对准刃口迅速投入，操作者应站在固定刀片一侧用力压住钢筋，以防止钢筋末端弹出伤人。严禁用两手分在刀片两边握住钢筋俯身送料。

（2）不得剪切直径及强度超过机械铭牌规定的钢筋和烧红的钢筋。一次切断多根钢筋时，其总截面面积应在规定范围内。

（3）切断短料时，手和切刀之间的距离应保持在150 mm以上，如手握端小于400 mm时，应采用套管或夹具将钢筋短头压住或夹牢。

（4）机械运转过程中，严禁用手直接清理切刀附近的断头和杂物，钢筋摆动周围和切刀周围不得停留非操作人员。

（5）当发现机械运转不正常、有异常响声或切刀歪斜时，应立即停机检修。

（6）作业后，应切断电源，用钢刷清除切刀间的杂物，然后进行整机清洁、润滑。

（7）手动液压式钢筋切断机在使用前，应将放油阀按顺时针方向旋紧。切割完毕后，应立即按逆时针方向旋松。作业过程中，应戴好绝缘手套并持稳切断机。

5. 钢筋弯曲机安全技术规定

（1）作业前应检查并确认芯轴、挡铁轴、转盘等无裂纹和损伤，防护罩应坚固可靠，空载运转正常后，方可作业。

（2）作业时，应将钢筋需弯曲一端插入转盘固定销的间隙内，另一端紧靠机身固定销，并用手压紧，同时检查机身固定销并确认其安放在挡住钢筋的一侧，方可开动机器。

（3）在弯曲钢筋的作业半径内和机身不设固定销的一侧严禁站人，弯曲好的半成品应堆放整齐，弯钩不得朝上。

（4）作业后，应及时清除转盘及插入座孔内的铁锈、杂物等。

（5）对超过机械设备铭牌规定直径的钢筋严禁进行弯曲，在弯曲未经冷拉或带有锈皮的钢筋时，应戴防护眼镜。

6. 混凝土切割机安全技术规定

（1）使用前，应检查并确认电动机、电缆线均正常，保护接地良好，防护装置安全有效，锯片选用符合要求，安装正确。

（2）操作人员应双手按紧工件，均匀送料，在推进切割机时，不得用力过猛。操作时不得戴手套。

（3）切割厚度应按机械设备出厂铭牌规定进行，不得超厚切割。

（4）加工件送到与锯片相距 300 mm 处或切割小块料时，应使用专用工具送料，不得直接用手推料。

（5）严禁在运转中检查、维修各部件，锯台上和构件锯缝中的碎屑应采用专用工具及时清除，不得用手拣拾或擦拭。

（6）作业后，应清洗机身，擦干锯片，排放水箱余水，收回电缆线并存放在干燥、通风处。

（7）混凝土切割机启动后，应空载运转，检查并确认锯片运转方向正确，升降机构灵活，运转中无异响，一切正常后，方可作业。

7. 手持电动工具安全技术规定

（1）使用前检查确认外壳、手柄应无裂缝、破损，保护接地（接零）连接正确、牢固可靠，电缆软线及插头等应完好无损，开关动作应正常，并注意开关的操作方法，电气保护装置良好、可靠，机械防护装置齐全。

（2）手持砂轮机、角向磨光机时，必须装防护罩。操作时，加力要平稳，不得用力过猛。

（3）严禁超负荷使用，随时注意声响、温升，发现异常应立即停机检查。作业时间过长，温度升高时，应停机待自然冷却后再进行作业。

（4）作业过程中，不得用手触摸刃具、模具、砂轮，发现有磨钝、破损情况时，应立即停机修整或更换后再行作业。

（5）机具运转时不得撒手。

（6）使用冲击电钻时应注意以下事项：

1）钻头应顶在工件上后才开始打钻，不得空打和顶死。

2）钻孔时应避开混凝土中的钢筋。

3）必须垂直地顶在工件上，不得在钻孔中晃动。

4）使用直径为 25 mm 以上的冲击电钻时，作业场地周围应设护栏，在地面以上操作应有稳固的平台。

八、建筑施工常见安全标志与劳动防护用品的使用

1. 建筑施工常见安全标志

建筑施工现场环境复杂，安全标志具有举足轻重的作用。适时适地悬挂适用的安全标志，能够增强作业人员的安全意识，时刻敲响安全警钟，对预防建筑施工可能发生的安全事故起到积极作用。建筑施工现场应设置下列常见安全标志：

（1）施工现场醒目处应设置注意安全、禁止吸烟、必须系安全带、必须戴安全帽、必须穿防护服等标志。

（2）施工现场及道路坑、沟、洞处应设置当心坑洞等标志。

（3）施工现场较宽的沟、坑及高空分离处应设置禁止跨越等标志。

（4）未固定的设备、未经验收合格的脚手架及未安装牢固的构件边应设置禁止攀登、禁止架梯等标志。

（5）吊装作业区域应设置警戒标识线并设置禁止通行、禁止入内、禁止停留、当心吊物、当心落物、当心坠落等标志。

（6）高处作业、多层作业下方应设置禁止通行、禁放易燃物、禁止停留等标志。

（7）高处通道及地面安全通道应设置安全通道等标志。

（8）高处作业位置应设置必须系安全带、禁止抛物、当心坠落、当心落物等标志。

（9）梯子入口及高空梯子通道应设置注意安全、当心滑跌、当心坠落等标志。

（10）电源及配电箱应设置当心触电等标志。

（11）电气设备试验、检验或接线操作时，设备和电源处应设置有人操作、禁止合闸等标志。

（12）临时电缆（地面或架空）边应设置当心电缆等标志。

（13）氧气瓶、乙炔瓶存放点应设置禁止烟火、当心火灾等标志。

（14）仓库及临时存放易燃易爆物品地点应设置禁止吸烟、禁止火种等标志。

（15）射线作业处按规定应设置安全警戒标识线，并设置当心电离辐射等标志。

（16）滚板、剪板等机械设备处应设置当心设备伤人、注意安全等标志。

（17）施工道路边应设置当心车辆及其他限速、限载等标志。

（18）施工现场及办公室应设置火灾报警电话等标志。

（19）施工现场“四口、五临边”（指楼梯口、电梯口、通道口、预留洞口；沟、坑、槽和深基础周边，楼层周边，楼梯侧边，平台或阳台边，屋面周边）作业处应安装防护栏杆并设置当心滑跌、当心坠落等标志。

（20）紧急疏散场所应设置紧急集合点、饮水处等标志。

2. 建筑施工现场安全标志设置标准

（1）高度。安全标志牌的设置高度应与人眼的视线高度一致，禁止烟火、当心坠物等环境信息标志牌下边缘距离地面高度不能小于 2 m；禁止乘人、当心伤手、禁止合闸等局部信息标志牌的设置高度应视具体情况而定。

（2）角度。标志牌的平面与视线夹角应接近90°，观察者位于最大观察距离时，最小夹角应不低于75°。

（3）位置。标志牌应设在与安全有关的醒目和明亮地方，并使人看见后，有足够的时间来注意它所表示的内容。环境信息标志牌宜设在有关场所的入口和醒目处，局部信息标志牌应设在所涉及的相应危险地点或设备（部件）附近的醒目处。

（4）顺序。同一位置必须同时设置不同类型的多个标志牌时，应按照警告、禁止、指令、提示的顺序，先左后右、先上后下排列。

（5）固定。建筑施工现场设置的安全标志牌的固定方式主要为附着式、悬挂式两种，在其他场所也可采取柱式。悬挂式和附着式的固定应稳固不倾斜，柱式的标志牌和支架应牢固地连接在一起。

标志牌一般不宜设置在移动的物体上，以免这些物体位置移动后看不见安全标志。标志牌前不得放置妨碍认读的障碍物。

3. 建筑施工现场常用劳动防护用品的配置要求

建筑施工企业必须根据作业人员的施工环境、作业需要，按照规定配发劳动防护用品，并监督其正确使用。

（1）施工现场的作业人员必须戴安全帽、穿工作鞋和工作服，特殊情况下不戴安全帽时，长发者从事机械作业必须戴工作帽。

（2）雨期施工应为作业人员提供雨衣、雨裤和雨鞋，冬季严寒地区应提供防寒工作服。

（3）处于无可靠安全防护设施的高处作业，必须系好安全带。

（4）从事电钻、砂轮等手持电动工具作业，作业人员必须穿绝缘鞋、戴绝缘手套和防护眼镜。

（5）从事蛙式夯实机、振动冲击夯作业，操作人员必须穿具有绝缘性能的保护足趾安全鞋，戴绝缘手套。

（6）从事可能飞溅渣屑的机械设备作业，操作人员必须戴防护眼镜。

（7）从事脚手架作业，操作人员必须穿灵便、紧口工作服，穿系带的高腰布面胶底防滑鞋，戴工作手套。高处作业时，必须系安全带。

（8）从事电气作业，操作人员必须穿绝缘鞋和灵便、紧口工作服。

（9）从事焊接作业，操作人员必须穿阻燃防护服、绝缘鞋、鞋盖，戴绝缘手套和焊接防护面罩、防护眼镜等劳动防护用品。

（10）从事塔式起重机及垂直运输机械作业，操作人员必须穿系带的高腰布面胶底防滑鞋，穿紧口工作服，戴手套。信号指挥人员应穿专用标志服装，强光环境下作业，应戴有色防护眼镜。

九、建筑施工常见工种作业安全要求

1. 瓦工作业安全要求

（1）作业前应首先搭设好作业面，在作业面上操作的瓦工人数不能过多。为防止荷载过重及倒塌，作业面上的堆放材料要分散且不能超高。

（2）砌砖使用的工具应放在稳妥的地方，斩砖应面向墙面，工作完毕应将脚手板和墙上的碎砖、灰浆清扫干净，防止掉落伤人。

（3）山墙砌完后应立即安装桁条或加临时支撑，防止倒塌。

（4）在屋面坡度大于25°时，挂瓦必须使用移动板梯，板梯必须有牢固的挂钩，没有外架子时檐口应安装防护栏杆和防护立网。

（5）屋面上瓦应两坡同时进行，以保持屋面受力均衡。屋面无望板时，应铺设通道，不准在桁条、瓦条上行走。

2. 木工作业安全要求

（1）木工支模拆模安全操作要求：

1）模板支撑不得使用腐朽、扭裂、劈裂的材料。顶撑要垂直，底端应平整坚实，并加垫木。木楔要钉牢，并用横顺拉杆和剪刀撑拉牢。

2）采用桁架支模应严格检查，发现严重变形、螺栓松动等应及时修复。

3）禁止利用拉杆、支撑攀登上下。

4）支设4 m以上的立柱模板时，四周必须有支撑。不足4 m的，可使用马凳操作。

5）拆除模板应按顺序分段进行，严禁猛撬、硬砸或大面积撬落和拉倒。拆下的模板应及时运送到指定地点集中堆放，防止钉子扎脚。

6）拆除薄梁、吊车梁、桁架预制构件模板，应随拆随加顶撑支牢，防止构件倾倒。

（2）木工进行木构件安装时的安全操作要求：

1）按《建筑施工高处作业安全技术规范》（JGJ 80—2016）的规定，在坡度大于1∶2.2的屋面上操作，防护栏杆应高于1.5 m，并架接安全网。

2）木屋架应在地面拼装。必须在上面拼装的应连续进行，中断时应设临时支撑。屋架就位后，应及时安装脊檩、拉杆或临时支撑。

3）在没有望板的屋面上安装石棉瓦，应在屋架下弦设安全网或有防滑条的脚手板操作。严禁在石棉瓦上行走。

4）安装2层楼以上外墙窗扇，外面如没安设脚手架或安全网的，应系挂好安全带。

5）不准直接在板条天棚或隔声板上行走及堆放材料。

6）钉户檐板，严禁在屋面上探身操作。

3. 钢筋工作业安全要求

（1）拉直钢筋时，卡头要卡牢，地锚要结实牢固，拉筋沿线2 m区域内禁止行人，人工绞磨拉直时应缓慢松懈，不得一次性松开。

（2）展开盘圆钢筋时，要卡牢一头，防止回弹。

（3）人工断料和打锤要站成斜角，注意甩锤区域内的人和物体。切断小于30 cm的短钢筋，应用钳子夹牢，禁止用手把扶。

（4）在高处、深坑绑扎钢筋或安装骨架，或绑扎高层建筑的圈梁、挑檐、外墙、边柱钢筋，除应设置安全设施外，绑扎时还要系挂好安全带。

（5）绑扎立柱、墙体钢筋时，不得站在钢筋骨架上或攀登骨架上下。

4. 架子工作业安全要求

建筑登高架设作业包括的操作项目有建筑脚手架、提升设备、高空吊篮等的安装和拆卸，以及起重设备安装和拆卸。建筑登高架设作业应遵守以下安全要求：

（1）架子工必须取得相关主管部门颁发的特种作业操作证且证书在有效期内，身体健康且符合高处作业要求。

（2）施工前应接受施工方案交底及安全技术交底。应熟知本作业的安全技术操作规程，严禁酒后作业和作业中玩笑戏闹，禁止赤脚，禁止穿硬底鞋、拖鞋和带钉鞋等，穿着要灵便。

（3）必须正确使用个人防护用品及熟知建筑施工“三宝”（安全帽、安全网、安全带）的正确使用方法。在高处作业时必须有工具袋，防止工具坠落伤人。

（4）作业前应对钢管、扣件、脚手板、可调托撑等进行检查，确认杆件及其配件是否存在焊口开裂、严重锈蚀、扭曲变形等情况。同一脚手架中，不同材质、规格的材料不得混用。钢管上严禁打孔、焊接。

（5）脚手架搭设应从一端开始向另一端搭设、或从中间开始向两边同时搭设。

（6）在脚手架搭设过程中，传递杆件应由多人传递。

（7）脚手架搭设过程中，应保证搭设人员有安全的作业位置，操作平台应符合要求。

（8）严禁在架面上打闹戏耍、退着行走或跨坐在钢管上休息。

（9）在拆除脚手架作业时，应设置安全警戒线、警戒标志，并应派专人监护，严禁非作业人员入内。

（10）拆卸脚手架前要检查支架上是否有杂物、电线水管等临时设施，如有则必须先清除干净后拆除。

（11）脚手架拆除作业必须由上向下逐层进行，严禁上下同时作业。

（12）拆除脚手架剪力撑，应先拆中间扣，由中间操作人往下顺递管件。

（13）脚手架的拆除作业不得重锤击打、撬别，拆除的杆件、构配件应采用机械或人工运至地面，严禁抛掷。

（14）拆除的构配件应分类堆放，以便于运输、维护和保管。

5. 施工现场机动车驾驶员安全要求

（1）“十慢”。建筑施工现场机动车“十慢”是指起步慢、转弯慢、下坡慢、倒车慢、过桥慢、交会车慢、交叉路口慢、视线不良慢、雨雪路滑慢、挂有拖车慢。

（2）“十不准”。建筑施工现场机动车“十不准”是指不准超载、不准抢挡、不准高速行驶、不准酒后驾驶、开车时不准吃东西、开车不准与他人谈话、人货不准混装、视线不清不准倒车、不准非驾驶人员开车、行驶中不准跳上跳下。

（3）“十不开”。建筑施工现场机动车“十不开”是指车辆有“病”不开车、车门不关好不开车、人没坐稳不开车、货物没有装好不开车、跳脚板上站人不开车、翻斗不装好不开车、装运货物超高超长没有安全措施不开车、装运危险品违反安全标准不开车、“三证”（驾驶证、行驶证、年检合格证）不全不开车、学员没有教练带领不开车。

（4）“七好”。建筑施工现场机动车“七好”是指刹车好、灯光好、喇叭好、信号标志好、车辆保养好、规程规则遵守好、安全措施执行好。

十、房屋市政工程重大事故隐患判定

依据住房和城乡建设部出台的《房屋市政工程生产安全重大事故隐患判定标准（2022 年版）》，分别对施工安全管理、基坑工程、模板工程等方面重大事故隐患做出了详细的判定标准，为建筑施工重大事故隐患判定提供了重要依据。

1. 施工安全管理

施工安全管理有下列情形之一的，应判定为重大事故隐患：

（1）建筑施工企业未取得安全生产许可证擅自从事建筑施工活动。

（2）施工单位的主要负责人、项目负责人、专职安全生产管理人员未取得安全生产考核合格证书从事相关工作。

（3）建筑施工特种作业人员未取得特种作业人员操作资格证书上岗作业。

（4）危险性较大的分部分项工程未编制、未审核专项施工方案，或未按规定组织专家对“超过一定规模的危险性较大的分部分项工程范围”的专项施工方案进行论证。

2. 基坑工程

基坑工程有下列情形之一的，应判定为重大事故隐患：

（1）对因基坑工程施工可能造成损害的相邻重要建筑物、构筑物和地下管线等，未采取专项防护措施。

（2）基坑土方超挖且未采取有效措施。

（3）深基坑施工未进行第三方监测。

（4）有下列基坑坍塌风险预兆之一，且未及时处理：

1）支护结构或周边建筑物变形值超过设计变形控制值；

2）基坑侧壁出现大量漏水、流土；

3）基坑底部出现管涌；

4）桩间土流失孔洞深度超过桩径。

3. 模板工程

模板工程有下列情形之一的，应判定为重大事故隐患：

（1）模板工程的地基基础承载力和变形不满足设计要求。

（2）模板支架承受的施工荷载超过设计值。

（3）模板支架拆除及滑模、爬模爬升时，混凝土强度未达到设计或规范要求。

4. 脚手架工程

脚手架工程有下列情形之一的，应判定为重大事故隐患：

（1）脚手架工程的地基基础承载力和变形不满足设计要求。

（2）未设置连墙件或连墙件整层缺失。

（3）附着式升降脚手架未经验收合格即投入使用。

（4）附着式升降脚手架的防倾覆、防坠落或同步升降控制装置不符合设计要求、失效、被人为拆除破坏。

（5）附着式升降脚手架使用过程中架体悬臂高度大于架体高度的 2/5 或高于 6 m。

5. 起重机械及吊装工程

起重机械及吊装工程有下列情形之一的，应判定为重大事故隐患：

（1）塔式起重机、施工升降机、物料提升机等起重机械设备未经验收合格即投入使用，或未按规定办理使用登记。

（2）塔式起重机独立起升高度、附着间距和最高附着以上的最大悬高及垂直度不符合规范要求。

（3）施工升降机附着间距和最高附着以上的最大悬高及垂直度不符合规范要求。

（4）起重机械安装、拆卸、顶升加节以及附着前未对结构件、顶升机构和附着装置以及高强度螺栓、销轴、定位板等连接件及安全装置进行检查。

（5）建筑起重机械的安全装置不齐全、失效或者被违规拆除、破坏。

（6）施工升降机防坠安全器超过定期检验有效期，标准节连接螺栓缺失或失效。

（7）建筑起重机械的地基基础承载力和变形不满足设计要求。

6. 高处作业

高处作业有下列情形之一的，应判定为重大事故隐患：

（1）钢结构、网架安装用支撑结构地基基础承载力和变形不满足设计要求，钢结构、网架安装用支撑结构未按设计要求设置防倾覆装置。

（2）单榀钢桁架（屋架）安装时未采取防失稳措施。

（3）悬挑式操作平台的搁置点、拉结点、支撑点未设置在稳定的主体结构上，且未做可靠连接。

7. 施工临时用电

施工临时用电方面，特殊作业环境（隧道、人防工程，高温、有导电灰尘、比较潮湿等作业环境）照明未按规定使用安全电压的，应判定为重大事故隐患。

8. 有限空间作业

有限空间作业有下列情形之一的，应判定为重大事故隐患：

（1）有限空间作业未履行“作业审批制度”，未对施工人员进行专项安全教育培训，未执行“先通风、再检测、后作业”原则。

（2）有限空间作业时现场未有专人负责监护工作。

9. 拆除工程

拆除工程方面，拆除施工作业顺序不符合规范和施工方案要求的，应判定为重大事故隐患。

10. 暗挖工程

暗挖工程有下列情形之一的，应判定为重大事故隐患：

（1）作业面带水施工未采取相关措施，或地下水控制措施失效且继续施工。

（2）施工时出现涌水、涌沙、局部坍塌，支护结构扭曲变形或出现裂缝，且有不断增大趋势，未及时采取措施。

11. 工艺、设备和材料

使用危害程度较大、可能导致群死群伤或造成重大经济损失的施工工艺、设备和材料，应判定为重大事故隐患。

12. 其他

其他严重违反房屋市政工程安全生产法律法规、部门规章及强制性标准，且存在危害程度较大、可能导致群死群伤或造成重大经济损失的现实危险，应判定为重大事故隐患。

第八节　道路交通事故预防

一、机动车道路通行事故预防

（1）在道路同方向画有 2 条以上机动车道的，左侧为快速车道，右侧为慢速车道。在快速车道行驶的机动车应当按照快速车道规定的速度行驶，未达到快速车道规定的行驶速度的，应当在慢速车道行驶。摩托车应当在最右侧车道行驶。有交通标志标明行驶速度的，按照标明的行驶速度行驶。慢速车道内的机动车超越前车时，可以借用快速车道行驶。在道路同方向划有 2 条以上机动车道的，变更车道的机动车不得影响相关车道内行驶的机动车的正常行驶。

（2）机动车在道路上行驶不得超过限速标志、标线标明的速度。在没有限速标志、标线的道路上，机动车不得超过下列最高行驶速度：

1）没有道路中心线的道路，城市道路为 30 km/h，公路为 40 km/h。

2）同方向只有 1 条机动车道的道路，城市道路为 50 km/h，公路为 70 km/h。

（3）机动车行驶中遇有下列情形之一的，最高行驶速度不得超过 30 km/h，其中拖拉机、电瓶车、轮式专用机械车不得超过 15 km/h：

1）进出非机动车道，通过铁路道口、急弯路、窄路、窄桥时。

2）掉头、转弯、下陡坡时。

3）遇雾、雨、雪、沙尘、冰雹，能见度在 50 m 以内时。

4）在冰雪、泥泞的道路上行驶时。

5）牵引发生故障的机动车时。

（4）机动车超车时，应当提前开启左转向灯、变换使用远、近光灯或者鸣喇叭。在没有道路中心线或者同方向只有 1 条机动车道的道路上，前车遇后车发出超车信号时，在条件许可的情况下，应当降低速度、靠右让路。后车应当在确认有充足的安全距离后，从前车的左侧超越，在与被超车辆拉开必要的安全距离后，开启右转向灯，驶回原车道。

（5）在没有中心隔离设施或者没有中心线的道路上，机动车遇相对方向来车时，应当遵守下列规定：

1）减速靠右行驶，并与其他车辆、行人保持必要的安全距离。

2）在有障碍的路段，无障碍的一方先行；但有障碍的一方已驶入障碍路段而无障碍的一方未驶入时，有障碍的一方先行。

3）在狭窄的坡路，上坡的一方先行；但下坡的一方已行至中途而上坡的一方未上坡时，下坡的一方先行。

4）在狭窄的山路，不靠山体的一方先行。

5）夜间会车应当在距相对方向来车 150 m 以外改用近光灯，在窄路、窄桥与非机动车会车时应当使用近光灯。

（6）机动车在有禁止掉头或者禁止左转弯标志、标线的地点以及在铁路道口、人行横道、桥梁、急弯、陡坡、隧道或者容易发生危险的路段，不得掉头。机动车在没有禁止掉头或者没有禁止左转弯标志、标线的地点可以掉头，但不得妨碍正常行驶的其他车辆和行人的通行。

（7）机动车倒车时，应当察明车后情况，确认安全后倒车。不得在铁路道口、交叉路口、单行路、桥梁、急弯、陡坡或者隧道中倒车。

（8）机动车通过有交通信号灯控制的交叉路口，应当按照下列规定通行：

1）在有导向车道的路口，按所需行进方向驶入导向车道。

2）准备进入环形路口的让已在路口内的机动车先行。

3）向左转弯时，靠路口中心点左侧转弯。转弯时开启转向灯，夜间行驶开启近光灯。

4）遇放行信号时，依次通过。

5）遇停止信号时，依次停在停止线以外。没有停止线的，停在路口以外。

6）向右转弯遇有同车道前车正在等候放行信号时，依次停车等候。

7）在没有方向指示信号灯的交叉路口，转弯的机动车让直行的车辆、行人先行。相对方向行驶的右转弯机动车让左转弯车辆先行。

（9）机动车通过没有交通信号灯控制也没有交通警察指挥的交叉路口，还应当遵守下列规定：

1）有交通标志、标线控制的，让优先通行的一方先行。

2）没有交通标志、标线控制的，在进入路口前停车瞭望，让右方道路的来车先行。

3）转弯的机动车让直行的车辆先行。

4）相对方向行驶的右转弯的机动车让左转弯的车辆先行。

（10）机动车遇有前方交叉路口交通阻塞时，应当依次停在路口以外等候，不得进入路口。机动车在遇有前方机动车停车排队等候或者缓慢行驶时，应当依次排队，不得从前方车辆两侧穿插或者超越行驶，不得在人行横道、网状线区域内停车等候。机动车在车道减少的路口、路段，遇有前方机动车停车排队等候或者缓慢行驶的，应当每车道一辆依次交替驶入车道减少后的路口、路段。

（11）机动车载物不得超过机动车行驶证上核定的载质量，装载长度、宽度不得超出车厢，并应当遵守下列规定：

1）重型、中型载货汽车，半挂车载物，高度从地面起不得超过 4 m，载运集装箱的车辆不得超过 4. 2 m。

2）其他载货的机动车载物，高度从地面起不得超过 2. 5 m。

3）摩托车载物，高度从地面起不得超过 1. 5 m，长度不得超出车身 0. 2 m。两轮摩托车载物宽度左右各不得超出车把 0. 15 m，三轮摩托车载物宽度不得超过车身。

（12）机动车载人应当遵守下列规定：

1）公路载客汽车不得超过核定的载客人数，但按照规定免票的儿童除外，在载客人数已满的情况下，按照规定免票的儿童不得超过核定载客人数的 10%。

2）载客汽车除车身外部的行李架和内置的行李箱外，不得载货。载客汽车行李架载货，从车顶起高度不得超过 0. 5 m，从地面起高度不得超过 4 m。

3）载货汽车车厢不得载客。在城市道路上，货运机动车在留有安全位置的情况下，车厢内可以附载临时作业人员 1 ~ 5 人，载物高度超过车厢栏板时，货物上不得载人。

4）摩托车后座不得乘坐未满 12 周岁的未成年人，轻便摩托车不得载人。

（13）机动车牵引挂车应当符合下列规定：

1）载货汽车、半挂牵引车、拖拉机只允许牵引 1 辆挂车。挂车的灯光信号、制动、连接、安全防护等装置应当符合国家标准。

2）小型载客汽车只允许牵引旅居挂车或者总质量 700 kg 以下的挂车。挂车不得载人。

3）载货汽车所牵引挂车的载质量不得超过载货汽车本身的载质量。

4）大型、中型载客汽车，低速载货汽车，三轮汽车以及其他机动车不得牵引挂车。

（14）机动车应当按照下列规定使用转向灯：

1）向左转弯、向左变更车道、准备超车、驶离停车地点或者掉头时，应当提前开启左转向灯。

2）向右转弯、向右变更车道、超车完毕驶回原车道、靠路边停车时，应当提前开启右转向灯。

（15）机动车在夜间没有路灯、照明不良或者遇有雾、雨、雪、沙尘、冰雹等低能见度情况下行驶时，应当开启前照灯、示廓灯和后位灯，但同方向行驶的后车与前车近距离行驶时，不得使用远光灯。机动车雾天行驶应当开启雾灯和危险报警闪光灯。

（16）机动车在夜间通过急弯、坡路、拱桥、人行横道或者没有交通信号灯控制的路口时，应当交替使用远近光灯示意。机动车驶近急弯、坡道顶端等影响安全视距的路段以及超车或者遇有紧急情况时，应当减速慢行，并鸣喇叭示意。

（17）机动车在道路上发生故障或者发生交通事故，妨碍交通又难以移动的，应当按照规定开启危险报警闪光灯并在车后 50～100 m 处设置警告标志，夜间还应当同时开启示廓灯和后位灯。

（18）牵引故障机动车应当遵守下列规定：

1）被牵引的机动车除驾驶人外不得载人，不得拖带挂车。

2）被牵引的机动车宽度不得大于牵引机动车的宽度。

3）使用软连接牵引装置时，牵引车与被牵引车之间的距离应当大于 4 m 小于 10 m。

4）对制动失效的被牵引车，应当使用硬连接牵引装置牵引。

5）牵引车和被牵引车均应当开启危险报警闪光灯。

6）汽车吊车和轮式专用机械车不得牵引车辆。摩托车不得牵引车辆或者被其他车辆牵引。转向或者照明、信号装置失效的故障机动车，应当使用专用清障车拖曳。

（19）驾驶机动车不得有下列行为：

1）在车门、车厢没有关好时行车。

2）在机动车驾驶室的前后窗范围内悬挂、放置妨碍驾驶人视线的物品。

3）拨打接听手持电话、观看电视等妨碍安全驾驶的行为。

4）下陡坡时熄火或者空挡滑行。

5）向道路上抛撒物品。

6）驾驶摩托车手离车把或者在车把上悬挂物品。

7）连续驾驶机动车超过 4 h 未停车休息或者停车休息时间少于 20 min。

8）在禁止鸣喇叭的区域或者路段鸣喇叭。

（20）机动车在道路上临时停车，应当遵守下列规定：

1）在设有禁停标志、标线的路段，在机动车道与非机动车道、人行道之间设有隔离设施的路段以及人行横道、施工地段，不得停车。

2）交叉路口、铁路道口、急弯路、宽度不足 4 m 的窄路、桥梁、陡坡、隧道以及距离上述地点 50 m 以内的路段，不得停车。

3）公共汽车站、急救站、加油站、消防栓或者消防队（站）门前以及距离上述地点 30 m 以内的路段，除使用上述设施的以外，不得停车。

4）车辆停稳前不得开车门和上下人员，开关车门不得妨碍其他车辆和行人通行。

5）路边停车应当紧靠道路右侧，机动车驾驶人不得离车，上下人员或者装卸物品后，立即驶离。

6）城市公共汽车不得在站点以外的路段停车上下乘客。

（21）机动车行经漫水路或者漫水桥时，应当停车察明水情，确认安全后，低速通过。

（22）机动车载运超限物品行经铁路道口的，应当按照当地铁路部门指定的铁路道口、时间通过。机动车行经渡口，应当服从渡口管理人员指挥，按照指定地点依次待渡。机动车上下渡船时，应当低速慢行。

（23）在单位院内、居民居住区内，机动车应当低速行驶，避让行人；有限速标志的，按照限速标志行驶。

二、非机动车道路通行事故预防

（1）非机动车通过有交通信号灯控制的交叉路口，应当按照下列规定通行：

1）转弯的非机动车让直行的车辆、行人优先通行。

2）遇有前方路口交通阻塞时，不得进入路口。

3）向左转弯时，靠路口中心点的右侧转弯。

4）遇有停止信号时，应当依次停在路口停止线以外。没有停止线的，停在路口以外。

5）向右转弯遇有同方向前车正在等候放行信号时，在本车道内能够转弯的，可以通行；不能转弯的，依次等候。

（2）非机动车通过没有交通信号灯控制也没有交通警察指挥的交叉路口，除遵守上述前3项规定外，还应当遵守下列规定：

1）有交通标志、标线控制的，让优先通行的一方先行。

2）没有交通标志、标线控制的，在路口外慢行或者停车瞭望，让右方道路的来车先行。

3）相对方向行驶的右转弯的非机动车让左转弯的车辆先行。

（3）驾驶自行车、电动自行车、三轮车在路段上横过机动车道，应当下车推行，有人行横道或者行人过街设施的，应当从人行横道或者行人过街设施通过；没有人行横道、没有行人过街设施或者不便使用行人过街设施的，在确认安全后直行通过。因非机动车道被占用无法在本车道内行驶的非机动车，可以在受阻的路段借用相邻的机动车道行驶，并在驶过被占用路段后迅速驶回非机动车道。机动车遇此情况应当减速让行。

（4）非机动车载物，应当遵守下列规定：

1）自行车、电动自行车、残疾人机动轮椅车载物，高度从地面起不得超过 1.5 m，宽度左右各不得超出车把 0.15 m，长度前端不得超出车轮，后端不得超出车身 0.3 m。

2）三轮车、人力车载物，高度从地面起不得超过 2 m，宽度左右各不得超出车身 0.2 m，长度不得超出车身 1 m。

3）畜力车载物，高度从地面起不得超过 2.5 m，宽度左右各不得超出车身 0.2 m，长度前端不得超出车辕，后端不得超出车身 1 m。

（5）在道路上驾驶自行车、三轮车、电动自行车、残疾人机动轮椅车应当遵守下列规定：

1）驾驶自行车、三轮车必须年满 12 周岁。

2）驾驶电动自行车和残疾人机动轮椅车必须年满 16 周岁。

3）不得醉酒驾驶。

4）转弯前应当减速慢行，伸手示意，不得突然猛拐，超越前车时不得妨碍被超越的车辆行驶。

5）不得牵引、攀扶车辆或者被其他车辆牵引，不得双手离把或者手中持物。

6）不得扶身并行、互相追逐或者曲折竞驶。

7）不得在道路上骑独轮自行车或者 2 人以上骑行的自行车。

8）非下肢残疾的人不得驾驶残疾人机动轮椅车。

9）自行车、三轮车不得加装动力装置。

10）不得在道路上学习驾驶非机动车。

（6）在道路上驾驭畜力车应当年满 16 周岁，并遵守下列规定：

1）不得醉酒驾驭。

2）不得并行，驾驭人不得离开车辆。

3）行经繁华路段、交叉路口、铁路道口、人行横道、急弯路、宽度不足 4 m 的窄路或者窄桥、陡坡、隧道或者容易发生危险的路段，不得超车。驾驭两轮畜力车应当下车牵引牲畜。

4）不得使用未经驯服的牲畜驾车，随车幼畜须拴系。

5）停放车辆应当拉紧车闸，拴系牲畜。

三、行人和乘车人道路通行事故预防

（1）行人不得有下列行为：

1）在道路上使用滑板、旱冰鞋等滑行工具。

2）在车行道内坐卧、停留、嬉闹。

3）追车、抛物击车等妨碍道路交通安全的行为。

（2）行人横过机动车道，应当从行人过街设施通过；没有行人过街设施的，应当从人行横道通过；没有人行横道的，应当观察来往车辆的情况，确认安全后直行通过，不得在车辆临近时突然加速横穿或者中途倒退、折返。

（3）行人列队在道路上通行，每横列不得超过 2 人，但在已经实行交通管制的路段不受限制。

（4）乘坐机动车应当遵守下列规定：

1）不得在机动车道上拦乘机动车。

2）在机动车道上不得从机动车左侧上下车。

3）开关车门不得妨碍其他车辆和行人通行。

4）机动车行驶中，不得干扰驾驶，不得将身体任何部分伸出车外，不得跳车。

5）乘坐两轮摩托车应当正向骑坐。

四、道路交通重大事故隐患判定

依据交通运输部出台的《道路运输企业和城市客运企业安全生产重大事故隐患判定标准（试行）》，分别对道路运输企业和城市客运企业、道路旅客运输企业、道路普通货物运输企业、危险货物道路运输企业、城市轨道交通运营单位、城市公共汽电车客运企业、出租汽车客运企业、机动车驾驶员培训机构、机动车维修企业、汽车客运站经营的企业等方面做出了详细的重大事故隐患判定标准，为相关企业的安全生产重大事故隐患判定工作提供了重要依据。

1. 道路运输企业和城市客运企业

道路运输企业和城市客运企业存在下列情形之一的，应当判定为重大事故隐患：

（1）未取得经营许可或未按规定进行备案从事经营活动，或超出许可（备案）事项和有效期经营的。

（2）使用报废、擅自改装、拼装、检验检测不合格（含未在有效期内）以及其他不符合国家规定的车辆装备、设施设备等从事经营活动的。

（3）所属经营性驾驶员和车辆存在长期“三超一疲劳”（超速、超员、超载、疲劳驾驶）且运输过程中未及时提醒纠正、运输行为结束后一个月内未接受处理，或所属经营性驾驶员存在一次计 10 分及以上诚信考核计分情形且未接受处理仍继续安排上岗作业的。

（4）经营地或运营线路途经地已发布台风橙色及以上预警，暴雨、暴雪、冰雹、大雾、沙尘暴、大风、道路结冰红色预警，或地质灾害气象风险红色预警等不具备安全通行条件时，未执行政府部门停运指令或企业应急预案要求仍擅自安排运输作业的。

（5）按法律、法规和规章规定，其他应当判定为重大事故隐患的。

2. 道路旅客运输企业

道路旅客运输企业存在上述道路运输企业和城市客运企业规定应当判定为重大事故隐患的情形或下列情形之一的，应当判定为重大事故隐患：

（1）800 km 以上道路客运班线未按规定开展安全风险评估，或所属客运车辆未按规定执行凌晨 2—5 时停车休息或接驳运输的。

（2）所属客运车辆违法承运或夹带危险物品的。

3. 道路普通货物运输企业

道路普通货物运输企业存在上述道路运输企业和城市客运企业规定应当判定

为重大事故隐患的情形或下列情形之一的，应当判定为重大事故隐患：

（1）所属货物运输车辆故意夹带危险货物或违规运输禁运、限运物品，且运输过程中未及时提醒纠正、运输行为结束后一个月内未严肃处理的。

（2）所属货物运输车辆运输过程中违法装载导致车货总质量超过 100 t 的。

4. 危险货物道路运输企业

危险货物道路运输企业存在上述道路运输企业和城市客运企业规定应当判定为重大事故隐患的情形或下列情形之一的，应当判定为重大事故隐患：

（1）运输危险货物过程中包装容器损坏、泄漏的。

（2）所属常压液体罐车罐体运输介质超出适装介质范围，或超过核定载质量载运危险货物的。

（3）所属危险货物运输车辆未按规定采取相关安全防护措施的。

（4）所属运输剧毒化学品、爆炸品的专用车辆及罐式专用车辆（含罐式挂车）在消除危险货物的危害前，到不具备危货车辆维修条件的维修企业进行维修的。

5. 城市轨道交通运营单位

城市轨道交通运营单位存在上述道路运输企业和城市客运企业规定（第三条除外）应当判定为重大事故隐患的情形或下列情形之一的，应当判定为重大事故隐患：

（1）未按规定及时组织大客流疏散或列车重大故障清客的。

（2）未按规定及时整治桥隧、车站、轨道主体结构重大病害和损伤的。

（3）未建立保护区管理制度或执行制度不到位发生险性事件的。

6. 城市公共汽电车客运企业

城市公共汽电车客运企业存在上述道路运输企业和城市客运企业规定应当判定为重大事故隐患的情形或下列情形之一的，应当判定为重大事故隐患：

（1）未按规定在城市公共汽电车车辆驾驶区域安装安全防护隔离设施的。

（2）新能源城市公共汽电车动力电池超过质保期，未按规定及时更换仍继续使用的。

7. 出租汽车客运企业

出租汽车客运企业存在上述道路运输企业和城市客运企业规定应当判定为重大事故隐患的情形或下列情形之一的，应当判定为重大事故隐患：

（1）网络预约出租汽车经营者（网约车平台公司）线上提供服务的车辆或驾驶员与线下实际提供服务的车辆、驾驶员不一致的。

（2）网络预约出租汽车经营者（网约车平台公司）未在 App 显著位置设置“一键报警”，或虽设置“一键报警”但无法正常使用的。

8. 机动车驾驶员培训机构

机动车驾驶员培训机构存在上述道路运输企业和城市客运企业规定应当判定为重大事故隐患的情形或下列情形之一的，应当判定为重大事故隐患：

（1）在道路上进行培训时未遵守公安机关交通管理部门指定的路线和时间的。

（2）所属教练员饮酒、醉酒后从事驾驶培训教学，或未按规定在基础和场地驾驶培训中随车或现场指导、在道路驾驶培训中随车指导的。

9. 机动车维修企业

机动车维修企业存在上述道路运输企业和城市客运企业规定应当判定为重大事故隐患的情形或下列情形之一的，应当判定为重大事故隐患：

（1）不具备危险货物运输车辆维修经营业务条件仍违规承修危险货物运输车辆的。

（2）特种作业人员未按规定持证上岗的。

10. 汽车客运站经营的企业

开展汽车客运站经营的企业存在上述道路运输和城市客运企业规定应当判定为重大事故隐患的情形或下列情形之一的，应当判定为重大事故隐患：

（1）未按规定执行一类、二类客运班线实名制管理制度的。

（2）允许超载车辆出站的。

第九节　造成工伤的不安全心理预防

一、不安全心理概述及原因

工作倦怠已成为世界范围内职工普遍存在的职业心理问题，严重影响个体正常生活和工作绩效。一线职工队伍中，个体职业心理问题若不能得到及时调整，极易出现身心疲惫感，导致工作倦怠。职工工作倦怠导致对安全操作规程的忽视和生产行为失误，是各种人为事故的重要原因之一。在生产活动中，出现不安全行为不一定发生事故，但引起或可能引起事故的行为，大多是不安全行为。据有关数据统计，70% ~80% 的工伤事故源于人的不安全行为。分析用人单位发生的工伤事故，其中有许多不是因为安全设施不配套、不完善，也不是因为安全规章制度不健全、不过硬，而是少数职工的不安全心理直接或间接导致的。

二、坚决克服典型的不安全心理

1. 克服侥幸投机心理

侥幸投机心理是一种较为普遍的心理现象，许多人熟知制度和规范，但为了图方便、抢时间、省力气，往往把规矩放在一边，凭自己的感觉和经验指挥生产、施工作业，总觉得发生事故的概率很低。他们经常想："多少年来都是这样干的，不可能那么倒霉，事故正巧发生在今天，正巧发生在自己的岗位上。"工伤预防不能靠碰运气，侥幸投机的背后隐藏着巨大的事故隐患，只有严格按照制度和规程来指挥和操作，才能为安全增加一层可靠的防护罩。

2. 克服无所作为心理

少数职工认为工伤预防是单位领导者的事情，是安全职能部门的工作，自己只是一名普通职工，只要把岗位任务完成好就行了，不用操心这方面的工作。其实，工伤预防是一损俱损的全局性工作，用人单位时常发生工伤事故，不仅对单位发展不利，对职工的身心健康和经济收入也有很大影响，每一个人都不可能置身之外。为此，必须克服无所作为心理，应主动向单位领导者和管理层提建议，主动帮助安全意识和安全能力弱的人员提升安全素质，主动监督和制止各种不安全行为，为单位的工伤预防工作献计、出力，营造人人关心安全的良好环境。

3. 克服消极从众心理

有些职工本来对待工伤预防工作比较认真、谨慎、细致，但当看到别人没有严格执行规章制度或没有认真履行工伤预防工作职责也没有受到相应处罚时，就会产生“效仿”“跟随”行为，觉得大家都这么做，违反制度规定的人多了就会法不责众，“破窗效应”逐步放大，违规违纪行为渐渐多起来。要提高用人单位的安全系数，广大职工必须坚决克服消极从众心理，培育积极从众心理，主动向制度看齐、向规范看齐、向工伤事故预防先进典型看齐，从自身岗位做起，从一言一行做起，保持恪守制度和规程的定力，远离不安全行为。

4. 克服麻痹松懈心理

有的用人单位因为连续多年没有发生事故，一些人就开始麻痹松懈起来，被眼前的成绩冲昏头脑，从而将工伤预防这根弦逐步放松。也有用人单位虽然年年、月月、天天强调工伤预防，但由于一直平安无事，部分人员就会觉得工伤并不那么可怕，也不那么难预防，慢慢放松了警惕。殊不知，安全是相对的，不安全是绝对的，今天安全不代表明天安全。抓安全必须抛弃小胜即满的麻痹松懈心理，始终保持如临深渊、如履薄冰的危机心态，养成反复抓的持之以恒作风，不管形势如何变化，不管任务多么繁重，都要始终把安全放在第一位来对待，一刻不撒手、一刻不懈怠、一刻不淡化，以常态抓、超前防、严格管的精神牢牢掌握工伤预防的主动权。

5. 克服急功近利心理

有的人对待工伤预防缺乏耐心和恒心，总想着能够一蹴而就，不愿在管理基础工作、训练基本功以及养成行为习惯上花工夫，由此导致做工作浮于表面，热衷于做一些吸引眼球的面子工程。工伤预防是一项常态性、长期性的系统工程，必须克服急功近利心理，做到瞄准长远目标持续抓，综合施策全面抓，讲求实效深入抓，不怕烦、不怕难，一事一事抓落实，一日一日抓提升，管理和实践上做到纵向抓到底、横向抓到边。

6. 克服得过且过心理

有些职工做工作总是抱着应付心态，能拖则拖、得过且过，视安全规章和作业程序为儿戏，低标准、老毛病、坏习惯长期难以得到改变，设备设施跑、冒、滴、漏现象久治不绝，事故隐患如影随形。有的职工认为只要把本班工作应付过去就万事大吉，至于下一班人员接班后能不能保证安全生产则不放在心上，导致本班作业过程中发生的事故隐患不能得到彻底整改，常常采取一些临时应对的办法凑合到下班，然后交给下一班人员。安全生产是一项科学性工作，任何一个环节的不规范，任何一个岗位的不严谨都可能酿成难以预料的事故灾难。每一个人、每一个岗位都要树立主人翁意识，以单位安全我有责、他人安全我尽责、我的安全我负责的态度把工作做细致、做严谨，不让事故隐患在自己的岗位上立足。

7. 克服逆反抵触心理

安全管理中免不了存在要求严、管得紧、处罚重等现象，少数职工就会产生逆反抵触心理，造成指令得不到及时贯彻，制度得不到全面执行，从而出现管理落实不下去的现象。为此，用人单位的领导者和管理者在实施安全管理过程中，既要强化制度的严肃性、命令的服从性，也要强化对职工的思想引导，将制度约束、情感疏导、帮助关心结合起来，多一些以理服人，多一些循循善诱，少一些简单粗暴行为，既讲道理，又讲方法，从而让管理对象发自内心地认可管理、服从管理、支持管理，使我要安全成为每一名职工的自觉行动。

8. 克服算小账心理

少数用人单位在工伤预防上算小账多而算大账少，只重眼前利益而不重长远利益，只重局部利益而不重整体利益，该投入的经费不能足额投入，该配套的设施不能全面配套，该更新的设备不能及时更新，该进行的职工教育培训不能常态化组织实施，致使安全工作的硬件不过硬、软件不先进。工伤预防事关单位的和谐稳定发展，事关职工生命健康安全，既是用人单位应该履行的经济责任，也是用人单位应该履行的社会责任。用人单位应该从经济账和职工健康账、幸福账等不同层面仔细算好安全投入与产出账，充分认识到，没有稳定的安全环境，单位的生产经营就得不到可靠保证，效益也就无从谈起。

三、案例分析

某日，某机械厂切割机操作工王某，在巡视纵向切割机时发现刀锯与板胚摩擦有冒烟和燃烧迹象，如不及时处理有可能引起火灾。王某当即停掉风机和切割机去排除故障，但没有关闭皮带机电源，皮带机仍然处于运转中。当王某伸手去掏燃着的纤维板屑时，袖口连同右臂突然被皮带机齿轮绞住，直到同事听到王某的呼救声才关闭了皮带机电源。这起事故造成王某右臂伤残。

这起事故的发生与王某存在麻痹松懈心理有直接的关系。王某以前多次不关闭皮带机电源就去排除故障，侥幸未造成事故，因而麻痹大意，由此逐渐形成习惯性违章行为并最终导致惨剧发生。

第十节　工伤事故心理创伤预防与救治

一、心理救援概述

1. 心理救援的意义

任何一起伤亡事故对于受害者及其家庭都是灾难，无论是煤矿重大伤亡事故，如瓦斯或煤尘爆炸、火灾、透水、大面积冒顶等事故，还是地震、大火、洪水等灾难，人们在面临这种情境时不可避免地会产生十分强烈的心理恐慌及强烈的应激反应。其中，很多人会发生行为的紊乱，导致灾害的扩大、伤亡的增加，而灾后还会有相当比例的受害者和亲历者留下难以自愈的身心创伤，甚至产生心理和行为障碍，影响到其日后的工作与生活及社会和单位的安定，甚至有的人还会由于心理和行为的不稳定导致“祸不单行”，再次发生事故。所以，开展工伤事故心理救援工作不但是人性关怀的必然需要，而且对工伤事故预防、社会和谐安定也具有重要意义。

2. 心理救援的一般步骤

心理救援的一般步骤是：首先在危机发生的最初阶段，提供情感支持，以缓解紧张情绪；然后指导其根据实际情况，寻求可能的援助；进而通过心理辅导帮助受害者分析危机情境，指导其学习新的认识方法和应对方法，有效地处理心理创伤；最后达到提高心理适应能力、重建社会生活的目标，以最终战胜事故带来的困难。

3. 伤亡事故所致直接身心创伤

事故创伤不仅会带给人们身体上的损伤与痛苦，加重个人、家庭和社会的经济负担，同时是一种心理应激和精神创伤，并由此可引起一系列心理行为改变。这些变化又可以直接或间接影响受害者本人及其周围人的身心健康，影响受害者的生理、心理以及社会康复，影响其生存质量，更会对事故发生后的工伤预防工作造成不利影响。以往人们只注重对事故伤害本身所致的各种生理功能和病理改变的作用机制、治疗和康复的问题，而忽视其心理行为改变及其身心全面康复问题。实际上，任何一种创伤都会引起人们的心理应激反应，有的还会非常严重，造成长时间甚至永久性精神损害。

如图 3－4 所示为人身事故伤害导致身心创伤的一般模式。

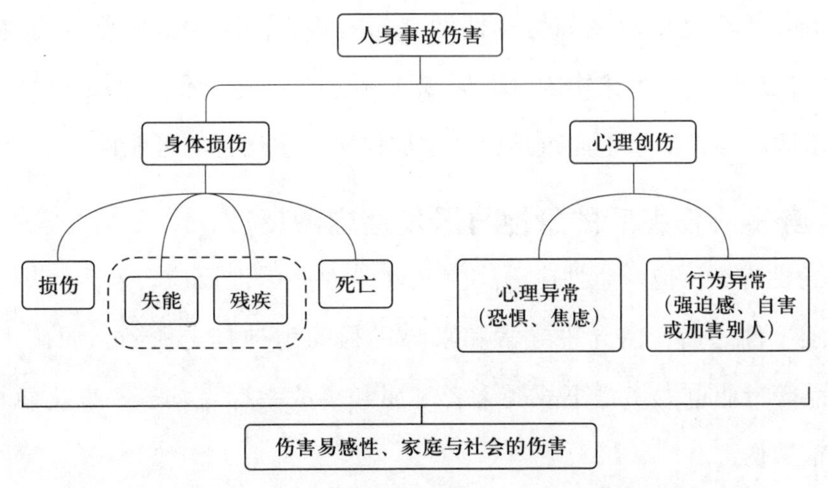

图 3－4　人身事故伤害导致身心创伤的一般模式

二、人身事故伤害后的心理和行为障碍类型及特征

1. 创伤后应激障碍

由于工伤事故不但会对人造成躯体伤害，还会对人造成心理创伤（精神创伤），若这种精神创伤超过一定程度即出现创伤后应激障碍。创伤后应激障碍是指个体对异乎寻常的威胁性或灾难性应激事件或情景的延迟及延长的反应。它可引起个体的心理、生理功能紊乱，继发心理适应性疾病。据研究，遭受不同程度人身事故伤害后，有7.8%～80%的人会发生创伤后应激障碍，导致明显的或长久的心理痛苦。各种职业伤害特别是矿山、建筑、危险化学品等行业的重大伤亡事故等人为灾难和严重的自然灾害的受害者、目击者，甚至在抢救前线的急救工作者都有可能发生创伤后应激障碍。

创伤后应激障碍是一种常见的心理障碍，其特征性症状主要有以下3个方面：

（1）反复重现创伤性体验。尽管受害者对经历的事件极不愿想起，但却不自觉地反复回忆。

（2）持续回避易使人联想到创伤的活动和情景。受害者会产生一系列退缩症状，如与旁人疏远、与亲人的感情变得淡漠、对未来失去憧憬、觉得活着没有意义等。

（3）持续性心理敏感度和警觉性增高。这些心理障碍症状常伴有神经兴奋、过度的惊吓反应、注意力集中困难、失眠或易惊醒、情绪不稳定或易怒以及焦虑、抑郁、自杀倾向等，如果不能改善，会增加再次发生伤害的可能性。

2. 人身事故伤害后的急性与迟发性应激反应

（1）急性应激反应。急性应激反应又称急性心因性反应，发生于突发性的严重精神刺激事件之后，由异乎寻常和来势迅猛的精神打击所致。如矿山、建筑、危险化学品等行业重大伤亡事故受害者家属和事故幸存者均容易发生急性应激反应所致的精神伤害。

急性应激反应的症状一般在遭遇精神刺激若干分钟至若干小时内出现，主要

有两种表现：一种是伴有强烈恐惧体验的精神运动性兴奋，行为表现为带有一定的盲目性，如言语增多、动作杂乱、激越或叫喊，情感、言语多不协调。另一种是伴有情感迟钝的精神运动性抑制，表现为缄默少语，可长时间呆坐或卧床，无情感流露，近似麻木状态，对痛觉刺激也少有反应，此时可有轻度意识障碍。一般情况下，上述症状可持续一周至数周左右，然后自行缓解。急性应激反应大体上可分为如下3个不同而又有所重叠的发展阶段：

1）焦虑反应阶段。突发性的事故发生后，当事人不知所措、紧张焦虑、茫然惊恐，甚至有的表现为歇斯底里。

2）缓和安定阶段。当事人通过取得社会性支持和自我心理防御，使焦虑情绪趋于缓和，并且开始理性地面对现实。

3）问题解决阶段。当事人将注意力指向应激源，理智地分析导致应激的原因，寻找解决问题的办法，最终可能通过消除应激源等改变环境的策略，或通过改变认知评价、培养自己耐受挫折能力的方法解决问题。该反应的强度与应激源本身的性质、当事人的人格特征及取得的社会性支持的质量密切相关。

另外，对于亲身经历伤亡事故的人员，还会发生幸存者综合征，亦称生还者综合征，它是创伤后应激障碍的一种症状，主要表现为抑郁、梦魇、夜惊、情感脆弱等。

（2）迟发性应激反应。迟发性应激反应为创伤后应激反应的一种，与急性应激反应相对应，出现于应激性事件结束较长时间之后。多见于重大的自然灾害和重大事故发生之后，也可发生于某些严重的生活变故（如遭受暴力袭击、亲人死亡等）之后。明显的迟发性应激反应症状多发生于应激事件结束后数日至数周之内，常见症状有焦虑、恐惧、忧郁、头痛、头晕、失眠、记忆力减退和内脏功能紊乱等，临床上称为精神创伤后应激障碍，需要给予恰当的心理治疗和医学干预。其发生一般同下列因素有关：

1）个人的基本需要甚至生命受到应激性事件的威胁。

2）事件具有不可预见、不可控制的特点。

3）当事人缺乏灵活有效的应对方法。

3. 恐怖性神经症

恐怖性神经症是人身事故伤害引起剧烈心理创伤后产生的严重精神障碍。以严重烧伤（如火灾、瓦斯爆炸、电气事故烧伤等）病人为例，烧伤事故发生时残酷而又令人恐惧的场景，已使受害者经受难以忍受的痛苦折磨，治疗时频繁的创面换药、多次植皮手术、后期整形等又不断出现新的刺激，使他们重复体验着创伤经历，在精神上引起强烈反应，出现心理恐怖并伴有强烈的焦虑、悲伤、抑郁等，以致出现惊恐性症状。此外，受害者还可有神经功能紊乱等症状，如颤抖、虚汗、口干、头晕、失眠、烦躁、心悸、血压升高、恐惧凝视、社交逃避意向、嚎哭，甚至大小便失禁等，从而形成恐怖性神经症。因此，伤后的心理护理、治疗和康复与生理医疗救治及康复同样重要，是患者战胜自我、重塑人格、再返社会、提高生存质量所必须的救治。

4. 伤害致残者的心理行为损害

各种严重伤害的后果可能导致受害者永久性的残疾，包括躯体功能障碍、瘫痪、畸形等都会作为长期的心理刺激因素而影响其身心健康状况。如瓦斯爆炸、火灾、严重烧伤患者创面愈合后的外貌畸形、功能障碍等，常使受害者产生刻骨铭心的印象，并诱发其心理活动异常。首先，是受害者对预后自我形象的心理反应，有的表现为悲伤，有的则表现为焦虑或抑郁。随着肢体部分功能的恢复，整形手术对外貌和功能的改善，或再经心理治疗，多数受害者能够接受现实，主动配合功能锻炼，最终达到生活自理，有的还可以参加适当的工作。值得指出的是，亲属和社会公众的态度与反应直接影响伤害致残者的心理状态，如果亲属对受害者治疗后的容貌及功能障碍能够接受，尽心照料，使其得到亲情的温暖，则有利于促进心理康复。如果亲属或配偶对受害者严重畸形和功能障碍接受不了，采取如分居、分餐、离婚等行为，则会对他们造成严重的精神打击，有的因得不到应有的心理治疗，甚至会自杀。另外，严重伤害致残者在与社会接触时，公众的不良反应可加重其心理创伤，致使他们的自尊心受到损害，使他们害怕接触人群，生活空间进一步缩小，生存质量进一步下降。因此，对严重伤害致残者的心理康复和社会康复是长期、艰巨而复杂的工作，需要发挥社会、单位和家庭等各方面的力量共同给予帮助。

三、事故心理创伤发生后的一般救治原则

根据已有的研究和实践，事故心理创伤发生后的救治一般应遵循以下原则。

1. 总体原则

（1）在事故发生后，首先应该做的是在身体创伤方面进行积极抢救与治疗；在心理创伤方面首要的是提供情感支持，以缓解紧张情绪为目标，使受害者感到周围有人在帮助他们，使他们不会产生孤独无助的感觉。对事故现场的了解应主要靠实地调查分析，要避免急忙向当事人直接询问情况，以减少当事者陷入对创伤刺激的“再体验”之中。

（2）在救治工作中，应该让人们了解到，有些反应是正常的创伤后应激反应，并不意味着脆弱或无能，这样或许有利于减少受害者的回避症状，恢复其心理平衡。另外，创伤后心理和行为障碍的症状有长期性、迟发性的特点，如果对受害者心理障碍的康复期望过高，反而会增加他们的心理负担，影响其康复。所以，在干预工作中努力在患者周围营造一种包容和理解的氛围是十分重要的一项原则。

（3）心理和行为障碍患者在经受严重心理创伤后，常会变得意志消沉，对生活失去兴趣。此时，应重点帮助他们重新树立生活勇气，指导其学习新的认识方法和应对方法，明确立足现实的生活目标，重建思想境界。

2. 重在物质与精神支持，促进心理康复

有研究表明，心理创伤事件的强度并不是心理和行为障碍发生的决定性因素，事件发生后物质和精神支持的强度不够、生活事件和继发性不利处境等才是主要的患病因素，周围人群对受害者的社会心理支持会起到重要的缓冲和保护作用。创伤后实施早期干预措施，进行完善、细微的物质上的照顾和感情上的支持，是减少心理和行为障碍发生及提高预后效果的重要方法。

3. 防止因组织行为的过度反应导致“祸不单行”

在生产中也可见到这种情况：领导者在一次事故发生后，唯恐再发生事故，于是疾言厉色，大会讲小会提，并制定更加严厉的管理措施。但是事故偏偏接连发生，令人无法捉摸。所以在发生事故后首先要做好心理干预工作，防止加剧恐惧情绪造成过度应激再次发生事故。

4. 积极开展心理治疗工作

心理治疗是对心理和行为障碍患者的主要疗法，常用的方法有认知治疗、行为治疗（如松弛疗法、暗示疗法、催眠疗法等）、精神分析疗法和集体心理治疗等。对于遭受事故创伤而又患上创伤后应激障碍、恐怖性神经症和事故伤残者遗留的心理和行为损害都应进行心理治疗。因此，各地在建立快速反应急救系统网络时，除了建立各级政府部门、抗灾中心、执法人员、教育、新闻媒体、家庭等灾后社会支持体系外，还应建立一套包括临床医护人员、心理工作者、精神科医生、社区卫生心理保健机构在内的较为完善的灾后人群心理救援体系。

四、情绪合理宣泄的方法

当工伤发生后，职工不仅要忍受身体伤害的疼痛，而且陷入了痛苦、迷茫、焦虑的困境。如若长期的负面情绪得不到排解，可能会导致工伤职工自我认同感偏低，不愿意改变现状。情绪合理宣泄是心理学中提倡的心理创伤预防机制之一，为了避免精神上的痛苦与崩溃可能产生的生理疾病，并能更好地适应社会环境，可以通过以下几种方法，让不幸遭受工伤的职工勇于接纳当下，稳定工伤职工的情绪，最后回归正常的生活。

1. 倾诉法

可以向家属或信得过的朋友倾诉，把心中的不快、郁闷、愤怒、困惑等消极情绪发泄出来。这样做的目的是让工伤职工在倾诉中获得认同感以及心灵上的共鸣，会使得他们在心理上轻松起来。

2. 转移法

遭受工伤的职工有可能长时间在病房里接受治疗，不仅要忍受枯燥无味的治疗或康复生活，又会担忧工伤如何处理等问题，容易长期处于焦虑、迷茫的状态。可以尝试换一个空间或者换一种生活方式或者适当的哭泣等，向其他同样受到工伤的职工一起探讨面临的问题。这样不仅可以找到解决问题的办法，也可以缓解焦虑的情绪。

3. 借物宣泄法

可以借助一些合理的物品，如橡胶锤、枕头、足球等挥舞发泄，这样既可以得到情绪上的宣泄，也不会有物品的损坏，因为堆积的负面情绪会给心理造成更深的伤害。

五、工伤职工的心理创伤类型及康复措施

1. 抑郁型

若工伤职工一时不适应身体创伤状况，很可能因此产生抑郁状态，轻者表现安静，抑制不愉快，对周围环境不感兴趣；较严重者会因持久闷闷不乐、忧愁、沮丧导致注意力、记忆力减退，甚至会自卑、自责，产生自杀念头。这种类型工伤职工的心理创伤康复措施应重点考虑以下 3 个方面：

（1）耐心讲解其伤情及相关康复知识，并让已经有一定康复效果的乐观型的工伤职工现身说法，让其看到希望，提振精神状态，积极主动配合治疗和护理。

（2）发泄是一种减压方式，要引导工伤职工发泄心中的苦闷。

（3）应重视家属的作用。家属的照护是有效的心理支持和情感交流，可以使工伤职工获得心理慰籍，减轻其孤独感。

2. 焦虑型

有些工伤职工因为伤残恢复的程度以及以后的生活、家庭、就业等情况感觉无法预计，对自己的身体产生焦虑情绪，以致出现自主神经系乱症状，如便秘、心悸、早搏、贲门幽门痉挛症、颜面潮红、易出汗，严重者可出现呼吸窘迫症状。

这种类型工伤职工的心理创伤康复措施应重点考虑如下 4 个方面：

（1）医疗康复机构应做好有关工伤医疗康复政策的宣传工作，要在对工伤职工进行医疗康复的同时，有计划地对其进行职业康复与社会康复，使其减少对今后的忧虑。

（2）根据工伤职工的接受能力，共同探讨其治疗情况，并帮助其制订适宜的康复计划，及时进行康复评估，使其了解自身状况。

（3）医务人员要耐心解答工伤职工的疑问，使其放松焦虑情绪，让其看到康复的希望。

（4）护理人员及家属在照护过程中要主动与工伤职工交谈，应细心耐心、态度和蔼，尽力满足其生活需要，降低其焦虑程度。

3. 愤怒攻击型

这类工伤职工多发于青年人，他们对自己伤残现实无法接受，采用攻击别人、大吵大闹、摔打物品等行为来发泄自己对现状的不满。这种类型工伤职工的心理创伤康复措施应重点考虑如下 3 个方面：

（1）护理人员要耐心细致地观察工伤职工的言行并做心理护理，尊重、呵护其自尊心，努力培养其自信心，并通过介绍工伤康复有关政策及现代康复技术使其认识到伤残情况是能够改善的，树立战胜疾病的信心。

（2）生活上应给予关心和帮助，使工伤职工感到温暖。

（3）指导工伤职工正确认识和科学地评价自己的伤、病、残程度，积极改善自我行为，树立实事求是、力所能及的生活目标，从而达到康复所需要的最佳心理状态。

4. 依赖型

这类工伤职工因角色的转换，认为自己失去了生活能力，因此生活要完全依赖他人，消极、不配合甚至拒绝任何康复治疗和训练，这种消极的态度使得整个治疗康复计划很难实施。

因此，医护人员要满腔热情地对其进行心理支持疗法，以诚恳、耐心、同情、鼓励的方式消除其各种负面情绪，消除其心理依赖，树立战胜困境的信心和加强自我锻炼的决心，在参与康复训练中发挥主动性、积极性和创造性。护理人员要关心工伤职工的生活，随时解决存在的困难，创造和谐友好的环境氛围，并及时对康复效果进行评估，以鼓励工伤职工及家属。同时，通过对职业康复、社会康复的宣传教育，帮助工伤职工接受现实，鼓励其寻求新的生活、新的职业，让其感受到来自社会的关心，平衡其社会地位变化后的心理创伤。

第四章
职业病防治

第一节　职业病基础知识

一、职业病及其构成条件

1. 职业病的概念

在生产劳动中，接触生产中使用或产生的有毒有害化学物质、粉尘气雾、异常的气象条件、高低气压、噪声、振动、微波、X 射线、γ 射线、细菌、霉菌，长期强迫体位操作，局部组织器官持续受压等，均可引起职业病，一般将这类职业病称为广义的职业病。对其中某些危害性较大，诊断标准明确，结合国情，由政府有关部门审定公布的职业病，称为狭义的职业病，或称法定职业病。

《中华人民共和国职业病防治法》规定，职业病是指企业、事业单位和个体经济组织等用人单位的劳动者在职业活动中，因接触粉尘、放射性物质和其他有毒、有害因素而引起的疾病。职业病的主要特点是隐蔽性、长期性和危害性，其防治工作是保障劳动者身体健康和生命安全的重要内容。

2. 职业病的构成条件

《中华人民共和国职业病防治法》规定的职业病必须具备4个条件：一是患病主体是企业、事业单位或个体经济组织的劳动者；二是必须是在从事职业活动的过程中产生的；三是必须是因接触粉尘、放射性物质和其他有毒、有害物质等职业病危害因素引起的；四是必须是国家公布的职业病分类和目录所列的职业病。

二、职业病的特点及其种类

1. 职业病的特点

目前，我国职业病呈现五大特点：一是接触职业病危害人数多，患病数量大；二是职业病危害分布行业广，中小企业危害严重；三是职业病危害流动性大，危害转移严重；四是职业病具有隐匿性、迟发性特点，危害往往被忽视；五是职业病危害造成的经济损失巨大，影响长远。

职业病是一种人为的疾病，其发生率与患病率的高低，直接反映疾病预防控制工作的水平。世界卫生组织对职业病的定义，除医学的涵义外，还赋予立法意义，即由国家所规定的“法定职业病”。我国政府规定，确诊的法定职业病必须向主管部门和同级卫生健康行政部门报告。凡属法定职业病的患者，在治疗和休息期间及在确定为伤残或治疗无效死亡时，均应按工伤保险有关规定给予相应工伤保险待遇。有的国家对职业病患者实行经济补偿，故也称为赔偿性疾病。

2. 职业病的种类

由于职业病危害因素种类很多，导致职业性有关疾病范围很广，不可能把所有职业性有关疾病都纳入法定职业病范围。2013年12月30日，国家卫生和计划生育委员会、人力资源和社会保障部、国家安全生产监督管理总局、中华全国总工会共同印发了《职业病分类和目录》。修订后的《职业病分类和目录》将职业病调整为10大类132种。这10大类职业病包括尘肺病、职业性皮肤病、职业性眼病、职业性耳鼻喉口腔疾病、职业性化学中毒、物理因素所致职业病、职业性放射性疾病、职业性传染病、职业性肿瘤和其他职业病。

3．与职业有关的疾病

与职业有关的疾病范围比职业病更为广泛，它具有三层含义：一是职业因素是该病发生和发展的诸多原因之一，但不是唯一的直接病因；二是职业因素影响了健康，从而促使潜在的疾病显露或加重已有的疾病病情；三是通过改善工作条件，可使所患疾病得到控制或缓解。

因此，在职业卫生工作中，也应将该类疾病列为控制和预防的重要内容，以保护和促进职业人群的身体健康，从而对职业病防治工作有重要的促进意义。常见的与职业有关疾病有：行为（精神）和身心的疾病，如精神焦虑、忧郁、神经衰弱综合征等，多因工作繁重、夜班工作、饮食失调、过量饮酒、吸烟等因素引起；由于对某一职业危害因素产生恐惧心理，而致精神紧张、脏器功能失调；慢性非特异性呼吸道疾患，包括慢性支气管炎、肺气肿和支气管哮喘等，是多因素的疾病，吸烟、空气污染、呼吸道反复感染等是主要病因；其他如高血压、消化器官溃疡、腰背痛等疾患，也常与某些工作有关。

第二节　常见职业病危害与预防

一、生产性粉尘危害与防护

1. 生产性粉尘危害严重

生产性粉尘是在工业生产过程中产生的能较长时间悬浮于空气中的固体细小颗粒物。如果作业人员长期暴露于高浓度的生产性粉尘中，会对健康造成危害，具体主要表现为以下 3 个方面。

（1）呼吸系统问题。吸入生产性粉尘可能导致呼吸道刺激、支气管炎、支气管扩张、气道阻塞等呼吸系统疾病。

（2）引发过敏性反应。某些生产性粉尘可能引发过敏性反应，如鼻炎、哮喘等。

（3）肺部损伤。长期接触高浓度的生产性粉尘可能导致职业性肺病，如尘肺、矽肺等。

2. 生产性粉尘危害典型案例

（1）“淘金”农民工深受矽肺病伤害。位于大别山腹地的安徽省某市的 3 个乡镇属贫困地区，每年外出打工的青年很多。其中 1989—1996 年约有 1 500 人在海南省某市的一些金矿务工，直接从事井下作业 300 余人。据打工者描述，这些矿井“风钻一开起来，眼前就像蒸气炉放气时一样，什么都看不见。”许多矿井没有任何卫生防护设施，不配备个人劳动防护用品，更谈不上对工人进行定期体检了。自 1995 年起，务工人员中陆续出现咳嗽、胸闷、呼吸困难、乏力等症状，但由于缺乏尘肺病的知识，未能得到及时有效的治疗和妥善的安置。直到 1998 年 10 月，这 3 个乡镇赴海南务工返乡人员才相继有 10 余人到省职业病防治所求医，已发现有矽肺或可疑矽肺，且大多数为Ⅱ期以上，之前已死亡两人。一名 35 岁的农民，从 1993 年起和老乡前往金矿打工，发现咳嗽带血时，因缺乏知识和为了多挣钱，一直在矿里挺着，直到实在挺不住了才回村，经查已是Ⅱ期矽肺患者。由于当时矿主都与打工者签有“生死合同”，拒绝出示打工者的职业史证明，致职业病诊断机构无法确诊为患者尘肺病，无法享受职业病工伤保险待遇。这些尘肺病患者，大多数是青壮年，患病后无人管，为了治病花光了所有的积蓄。当地乡镇政府已意识到问题的严重性，开始建立劳动服务站，完善管理职能，加大劳动保护的宣传力度，增强外出务工者的自我保护意识。

（2）宝石厂切石工的急进型矽肺。广东省职业病防治院某年年度报告的 28 例宝石厂切石工的矽肺患者病例都来自同一个工厂。该厂为中外合资企业，于 1992 年 9 月投产，产品外销，高利润。该厂的宝石原料来自南非，每月用量约为 15 t，宝石加工为半手工、半机械化生产。该厂 1997 年前无防尘设备，1997 年后在切石、磨角、打孔和抛光等工序安装了9套防尘设备，但无送风设备，车间装有吊扇，易造成二次扬尘。全厂职工近1 000人，其中接尘工人597名，多为外省青年农民工，每天工作8小时，有时多加班3小时，工人上班只带纱布口罩，就业前和就业后都未进行职业性体检。经检测，该厂作业场所粉尘平均浓度为2.3 mg/m^3，游离二氧化硅平均含量为94.64%（质量分数）；对切石岗位的12个粉尘作业点采样测定，粉尘含量为83.3%（质量分数），远远超过国家卫生标准。对597例接尘工人（其中切石工220人）进行了职业性体检，检出各期矽肺患者35例，发病率为5.86%，是全国粉尘作业工人平均检出率的7.5倍；35名患者全部是切石工，切石工种矽肺发病率高达15.9%；平均发病年龄26.3岁，接尘工龄4.7年。在35例患者中，有34例进行了矽肺致伤残程度鉴定，其中二级伤残4例，三级伤残7例，四级伤残10例，六级伤残3例，七级伤残10例。

3. 粉尘作业中的卫生防护

（1）控制源头。通过改进工艺、采用封闭式设备或防尘罩等措施，减少生产性粉尘的产生。

（2）改善通风。确保工作场所通风良好，通过正压送风、排风等方法控制粉尘浓度。

（3）劳动防护用品。作业人员应佩戴适当的劳动防护用品，如防尘口罩、防护眼镜、防护服等，以减少与粉尘直接接触。

（4）定期清洁。保持工作场所的清洁，定期进行清扫、除尘等工作，减少粉尘的积累。

（5）健康监测与教育。定期进行作业人员的健康监测，包括肺功能检查等，同时提供相关的职业病防治知识培训。

4. 粉尘作业人员的卫生保健措施

（1）开展就业前健康检查，及时发现从事粉尘作业禁忌证，如活动性肺结核病、慢性肺部疾病、严重的慢性上呼吸道和支气管疾病以及心血管疾病等。

（2）进行定期健康检查，发现早期尘肺病，及时采取防治措施。

（3）定期对粉尘作业环境进行监测，改善劳动条件。

（4）加强粉尘作业人员的劳动防护，常用的劳动防护用品有防尘口罩、防护面具、防护头盔和防护服等。粉尘作业人员必须养成良好的个人卫生习惯，如勤换工作服、班后洗澡、保持皮肤清洁，还应加强营养、劳逸结合、生活有规律。

二、职业性接触毒物危害与防护

职业性接触毒物是指劳动者在职业活动中接触的以原料、成品、半成品、中间体、反应副产物和杂质等形式存在，并可经呼吸道、皮肤或口进入人体而对劳动者健康产生危害的物质。人们在生产环境和劳动过程中接触化学毒物引起的中毒又称为职业中毒。

1. 职业中毒及其危害

工农业生产中常见的毒物包括有害气体（如氯气、氨气、二氧化硫、硫化氢等）、有机溶剂（如苯、三氯乙烯、甲醇、四氯化碳等）、重金属及类金属（如铅、镉、砷等）、农药（如有机磷农药、杀虫剂、除草剂等）、高分子化合物（如酚醛树脂等），这些生产性毒物主要以固态、液态、气态和空气中悬浮颗粒物等形态存在，短时间接触高浓度毒物会导致急性职业中毒，长期接触超标的但浓度水平较低的毒物会引起慢性职业中毒。其中，慢性职业中毒危害面广、潜伏期长，也要引起足够的重视。

（1）化学毒物进入人体的途径。化学毒物主要通过呼吸道、皮肤、消化道进入人体，其进入人体的途径与毒物的存在形式、劳动者操作物料的方式、化学物质的某些特性等相关。

1）呼吸道。空气中悬浮的颗粒物（粉尘、烟和雾等）以及气态污染物都是经呼吸道进入人体的。通过呼吸道进入人体的毒物，许多还会进入血液，随血液循环停留并蓄积在某些脏器中，如肝、脑、肾等，表现为毒性作用快、毒性强。

2）皮肤。皮肤直接接触固态和液态物料，有些毒物通过表面完好的皮肤，经过皮肤吸收而致中毒，如有机磷农药、硝基化合物等，还有一些对皮肤产生刺激或者腐蚀，如酸碱液等。

3）消化道。主要是经由污染的手或暴露于污染环境的水杯等器皿，将毒物带入消化道而致职业中毒，如铅中毒中有相当一部分是经由消化道引起的。进食被毒物污染的食物或饮水以及误服毒物等也是经消化道进入人体导致中毒。

（2）生产过程中可能接触化学毒物的操作或环节。化学毒物暴露与工艺方法、物料选用以及现场操作的隔离方式、工程控制等密切相关。生产过程中可能接触化学毒物的操作或环节主要包括以下6个方面：

1）原料的开采与提炼。原料的开采过程中可形成粉尘（如锰矿中的锰尘）、逸散出蒸气（如汞矿中的汞蒸气），冶炼过程中可产生大量蒸气或烟（如炼铅过程中的铅烟）等。

2）材料的搬运与储藏。液态材料可因包装渗透而经皮肤进入人体（如硝基化合物），储存气态毒物的钢瓶泄漏（如氯气）可经呼吸道进入人体。

3）加料。在加料过程中，固态原料易导致粉尘飞扬，液态原料易导致蒸气溢出、液体飞溅。

4）化学反应。某些化学反应如控制不当或加料失误可导致意外事故发生，如产热或产气的反应会释放出有毒气体或蒸气。

5）工业“三废”处理。生产中产生的“三废”（废气、废水、废渣）含有多种有毒、有害物质，如二硫化碳、硫化氢、氟化物、氮氧化物、硫酸（雾）、铅等。

6）检修和其他环节。管道和设备的保养、检修以及容器清洗等过程都会有气体和液体溢出、喷溅而污染双手或体表等，窨井、矿井废巷道、化粪池等会有硫化氢逸出。

（3）职业中毒的主要临床表现。因为化学毒物本身的毒性、作用特点、接触剂量等不同，所以职业中毒的临床表现多种多样。毒物经呼吸道和皮肤进入人体后，经血液循环进入其他脏器中，可累及全身各个系统，出现多脏器损害。同一毒物也可累及不同的器官，出现多种临床症状。

1）呼吸道。呼吸道最易接触毒物，特别是刺激性气体毒物，一旦吸入，轻者引起呼吸道炎症，重者发生化学性肺炎或肺水肿，出现呛咳、头晕、胸闷等症状。

2）神经系统。慢性职业中毒早期会导致神经衰弱病症，出现头痛、头晕、乏力、情绪不稳、记忆力减退、睡眠不好等；铅、正己烷等中毒表现为运动障碍、肌肉萎缩等，严重者可出现瘫痪；一氧化碳、硫化氢、氰化物等可引起组织缺氧，导致中毒性脑病。

3）血液系统。苯、铅等能引起贫血，苯的氨基、硝基化合物（如苯胺、硝基苯）可引起高铁血红蛋白血症，表现为皮肤黏膜青紫。

4）消化系统。汞、铅等毒物经口进入可导致汞毒性口腔炎，可引起出血性肠胃炎，铅中毒有腹绞痛等症状。

5）循环系统。苯、有机磷农药以及某些刺激性气体和窒息性气体可导致心肌损害，表现为心慌、胸闷、心前区不适、心率变快等，急性中毒可致休克。

6）泌尿、生殖系统。铅、汞、四氯化碳、砷化氢等可导致急慢性肾病；芳香胺、杀虫脒等可导致化学性膀胱炎；铅、汞、镉等重金属可损害睾丸的生精过程，导致精子数量减少、畸形率增加、活动能力减弱；接触高浓度铅、汞、二硫化碳、苯系化合物等的女职工自然流产率会增高。

7）皮肤、眼和其他损害。酸、碱、有机溶剂等可致接触性皮炎；沥青、煤焦油可致光敏性皮炎；煤焦油、石油可致皮肤黑变病；刺激性化学物可引起眼角膜炎、结膜炎；腐蚀性化合物可使眼角膜、结膜坏死、腐烂，三硝基甲苯可致白内障，甲醇可致视神经炎、视网膜水肿、视神经衰弱甚至失明；氟可引起氟骨症、关节畸形、肌肉萎缩等。

（4）职业性接触毒物危害程度分级。根据《职业性接触毒物危害程度分级》（GBZ/230—2010），以毒物的急性毒性、扩散性、蓄积性、致癌性、生殖毒性、致敏性、刺激与腐蚀性、实际危害后果与预后等9项指标为基础的定级标准，将职业性接触毒物危害程度分为轻度危害（Ⅳ级）、中度危害（Ⅲ级）、高度危害（Ⅱ级）和极度危害（Ⅰ级）4个等级。

2. 职业中毒预防

职业中毒是可以预防的，用人单位应对作业场所使用或产生的毒物种类进行识别，通过现场检测评估劳动者暴露水平，采取综合控制和管理措施。

（1）工程控制措施。例如，改进生产工艺，采用无毒或低毒物质代替有毒物质；生产中尽可能机械化、自动化和密闭化，减少劳动者接触毒物的机会；加强通风排毒等。

（2）管理措施。例如，制定有效的职业中毒预防管理制度，建立岗位操作规程；管理监督现场监测、工程控制设施及劳动防护用品的有效运行和使用等。

（3）加强健康教育，普及职业卫生知识，严格操作规程。

（4）做好职业健康监护，按照国家法律、法规要求对职工定期进行职业健康体检，早期发现其健康损害，及时将其调离职业禁忌工作岗位。

（5）加强个体防护。个体使用的劳动防护用品可以进一步降低职业危害水平，依法佩戴使用可以将职业危害水平或强度降低到职业卫生标准规定的水平以下，是工程控制措施的有效补充，也是职业危害最后一道防线。

1）应根据毒物存在的形式和进入人体的主要途径，有针对性地进行防护。个体劳动防护用品包括各类呼吸器、防护眼镜、防护面罩、防护服、防护帽、防护手套和涂抹类皮肤防护用品等，毒物如果主要通过呼吸道进入人体，就必须采取呼吸防护；毒物主要经皮肤吸收或作业中手能直接接触毒物，应重点考虑皮肤防护，包括使用防护手套和防护服；如果毒物会刺激眼睛或作业方式会导致毒物喷溅伤及眼、面，应采取眼、面部的防护。

2）在有毒物质作业场所，还应设置必要的卫生设施，如盥洗设备、淋浴室、更衣室等，对能经皮肤吸收或局部作用危害大的毒物还应配备皮肤和眼冲洗设施。

用人单位应对作业场所可能存在的职业危害进行辨识，并对作业人员可能暴露的风险进行综合性评估，按照国家法律、法规、标准要求配备安全有效的个体劳动防护用品。有关劳动防护用品的内容详见本章第四节。

三、其他常见职业病危害及其防护

1. 噪声危害及其防护

噪声是一种人们不需要的声音，它经常影响着人们的情绪和健康，干扰人们的工作、学习和正常生活。长期工作在高强度噪声环境下而没采取任何有效的防护措施，将导致永久性的无法挽回的听力损失，甚至导致严重的职业性耳聋。

噪声可按其物理特性、时间特性和频率成分分布进行分类，每一类都还可以具体分为多种性质。我国每年都要全方位地开展职业病危害因素监测，特别是为中小微企业接触职业病危害劳动者提供免费职业健康检查，对监测发现的噪声超标问题、职业禁忌证、疑似职业病情况，及时督促相关企业进行整改和处置，有效保障劳动者的合法职业健康权利。国家还建立了监测信息平台，掌握重点行业噪声危害现状，评估噪声职业病危害暴露对劳动者健康的影响，主动监测接触噪声作业人员，特别是金属矿采作业劳动者的听力受损情况，做好其噪声职业病危害的防护。

2. 高温危害及其防护

高温作业是指工业企业和服务行业工作地点具有生产性热源，其气温等于或高于本地区夏季室外通风设计计算温度 2 ℃及其以上的作业。根据工作地点气象条件的特点，可以将高温作业分为三种类型，即高温强辐射作业、高温高湿作业、夏季露天作业。高温作业易引起神经系统或心血管的障碍，具体表现的急性疾病主要有轻症中暑、重症中暑、热射病、热痉挛、热衰竭等。

（1）高温的防护措施。一般来说，采用工程控制措施或个人防护措施，是最简单有效的高温防护措施。其中，工程控制措施可以采用以下 3 种方式：

1）采用局部、全面机械通风或强制送入冷风来降低作业环境温度。

2）在高温作业厂房，修建隔离操作室，向室内送冷风或安装空调。

3）进行工艺改革，实现远距离自动化操作。

（2）个人防护措施主要有以下 5 种方式：

1）学习预防高温中暑及其应急处置的基本知识。

2）合理安排工作时间，避开最高气温。

3）轮换作业，缩短作业时间。

4）高温作业人员每年进行一次身体检查，对患有高血压、心脏器质性疾病、糖尿病、甲状腺机能亢进和严重的大面积皮肤病患者，应予以调离高温作业岗位。

5）夏季向作业人员供给含盐饮料、绿豆汤等降暑饮料。

总之，职业病危害预防应主要遵循4个方面的原则：一是要坚持预防为主，服务保障民生。坚持“预防为主、防治结合”的方针，健全职业病防治技术支撑体系，服务和保障劳动者职业健康权利。二是要坚持行政主导，明确功能定位。发挥各级卫生健康行政部门的组织领导、规划布局和协调推动作用，加强资源整合融合，明确各级各类技术支撑机构功能定位和重点任务。三是要坚持目标导向，强化能力建设。围绕职业病防治中心工作、重点任务，加强基础设施、技术装备、人才队伍和信息化建设，提升职业病防治技术支撑能力。四是要坚持创新发展，完善体制机制。强化改革创新，完善体制机制，落实政策保障措施，强化运行管理和评估，促进职业病防治职责全面落实。

第三节　职业病危害警示与告知

一、职业病危害因素的分类

1. 按社会生产分类

职业病危害因素按社会生产可分为如下三大类：

（1）生产过程中产生的危害因素，如一氧化碳、铅烟、粉尘等吸入人体都会对人体健康造成不利影响。

（2）劳动过程中的有害因素，如过度劳累超过了人体的承受能力，造成个人器官过度使用的职业损害等。

（3）生产环境中的有害因素，主要是自然环境恶劣和厂房的设计空间布局不合理，以及生产过程排出的有害物质，长时间受其不良影响会引起严重疾病。

2. 从医学角度进行分类

职业病危害因素从医学角度可以分为化学性、物理性和生物性三大类。

（1）化学性因素。化学性因素主要包括以下3个方面：

1）毒物。如铅、汞、苯、甲苯、苯乙烯等毒物可直接或间接地使人体器官受损，引起疾病。

2）生产性粉尘。如石油化工生产过程中的石油焦粉尘、催化剂生产过程中的金属粉尘、水泥生产过程中的水泥粉尘等都会严重危害人体健康。

3）其他。如生产丁苯橡胶过程中产生的丁二烯、苯乙烯、高芳烃油、过氧化二异丙苯等，另外还有石棉尘、煤尘等均是导致职业病的重要原因。

（2）物理性因素。物理性因素主要包括以下3个方面：

1）噪声、振动。长期接触高强度的噪声和振动会导致耳聋和手臂震颤病等。

2）异常气象条件。高温、高湿、低温、高气压、低气压等不适宜的气象条件会对人身造成一定伤害，如中暑、感冒等。

3）电离辐射。紫外线、红外线、射频、微波、激光、X射线、放射性同位素产生的γ射线等辐射会损伤人体细胞，引起DNA损伤和癌变等。

（3）生物性因素。生物性因素主要包括以下两个方面：

1）病原体。接触炭疽杆菌、森林脑炎病毒、布氏杆菌病菌等病原体，容易引起职业病。

2）动植物毒素。工作中接触动植物毒素，如花粉、霉菌等，会危及身体健康。

二、职业病危害警示标识

职业病危害警示标识是指在工作场所中设置的可以提醒劳动者对职业病危害产生警觉并采取相应防护措施的图形标识、警示线、警示语句、告知卡和文字说明等。

1. 图形标识

根据《安全标志及其使用导则》（GB 2894—2008）的规定，图形标识中的安全标志分为禁止标志、警告标志、指令标志和提示标志四大类型。

（1）禁止标志。禁止标志的含义是禁止人们的不安全行为，如图4－1所示。

图 4－1　禁止标志

（2）警告标志。警告标志的含义是提醒人们对周围环境引起注意，以避免可能发生的危险，如图 4－2 所示。

图 4－2　警告标志

（3）指令标志。指令标志的含义是强制人们必须做出某种动作或采用防范措施，如图 4－3 所示。

（4）提示标志。提示标志的含义是向人们提供某种信息，如标明安全设施或

图4-3 指令标志

场所等，如图4-4所示。

图4-4 指示标志

2. 警示线

警示线是界定和分隔危险区域的标识线，分为红色、黄色和绿色3种。红色警示线用于高毒物品作业场所、放射作业场所、紧邻事故危害源周边；黄色警示线用于有毒物品作业场所、紧邻事故危害区域的周边；绿色警示线用于事故现场救援区域的周边。

3. 警示语句

警示语句是一组表示禁止、警告、指令、提示或描述工作场所职业病危害的词语。警示语句可单独使用，也可与图形标识组合使用。表 4 – 1 所列为常用的警示语句。

表 4 – 1　　常用的警示语句

序号	语句内容	序号	语句内容	序号	语句内容
1	禁止入内	14	戴防毒面具	27	腐蚀性
2	禁止停留	15	戴防尘口罩	28	窒息性
3	禁止启动	16	戴护耳器	29	剧毒
4	当心中毒	17	戴防护手套	30	有毒
5	当心腐蚀	18	穿防护鞋	31	当心有毒气体
6	当心感染	19	穿防护服	32	接触可引起伤害
7	当心弧光	20	注意通风	33	对健康有害
8	当心辐射	21	左行紧急出口	34	当心灼伤
9	注意防尘	22	右行紧急出口	35	未经许可，不许入内
10	注意高温	23	急救站	36	不能靠近
11	有毒气体	24	救援电话	37	不得越过此线
12	噪声有害	25	刺激眼睛	38	不得触摸
13	戴防护镜	26	遇湿具有刺激性	39	泄险区

4. 告知卡

告知卡是针对某一种职业病危害因素，告知劳动者危害后果及其防护措施的提示卡，应设置在使用有毒物品作业岗位的醒目位置。图 4 – 5 所示为对苯二甲酸和粉尘的职业病危害告知卡。

5. 文字说明

使用可能产生职业病危害的化学品、放射性同位素和含有放射性物质材料的，使用可能产生职业病危害设备的，必须在使用岗位、设备醒目位置和材料包装上设置醒目的警示标识和中文警示说明，警示说明应当载明职业病危害因素的理化特性、

职业病危害告知卡

作业环境有毒，对人体有害，请注意防护

对苯二甲酸 Terephthalic acid	健康危害	理化特性
	可经呼吸道进入人体。 主要损害神经系统。 蒸气对皮肤、眼睛和黏膜有轻微刺激，高浓度时有麻痹性。吸入后能导致头痛、失眠、眩晕。	无色液体，有石蜡气味，与醇、醚、酮、苯和氯仿混溶，遇明火、高热能燃烧、爆炸。
当心中毒 	应急处理 应使吸入蒸气的人员立即离开污染区，安置休息并保暖，眼睛受刺激后用清水冲洗15 min 以上，严重者须就医诊治；误服立即漱口，送医院救治。 防护措施 工作场所空气中时间加权平均容许浓度(PC-TWA)不超过8 mg/m³。密闭、局部排风、呼吸防护，禁止明火、火花、高热，作业环境使用防爆电器和照明设施，禁止饮食、吸烟。 	

急救电话：120；消防救援电话：119

________ 职 业 病 危 害 告 知 卡

工作场所存在粉尘，对身体有损害，请注意防护

粉　尘 Dust	健康危害	理化特性
	危害因素分类：粉尘类。 **侵入途径**：可经呼吸道吸入。 **健康危害**：长期接触或吸入高浓度的生产性粉尘，可引起尘肺和局部刺激作用引发的病变等病症。 **危害后果**：尘肺病。	粉尘是指悬浮在空气中的固体微粒。可燃性粉尘在一定的温度、湿度和密度下，可能会造成爆炸。
注意防尘 	应急处理 定期体检，早期诊断，早期治疗。发现身体状况异常时要及时去医院检查治疗。 防护措施 加强通风，密闭作业，吸尘罩，湿式作业；佩戴防尘口罩；工作场所禁止饮食、吸烟、明火。  注意通风  戴防尘口罩  禁止吸烟  禁止明火	

标准限值：PC-TWA 8 mg/m³

急救电话：120；消防救援电话：119

图4－5　职业病危害告知卡

可能产生的危害后果、职业病危害防护措施以及应急救治措施等内容，例如甲醛的职业病危害文字说明见表4－2。

表4－2　甲醛的职业病危害文字说明

职业病危害因素	甲醛 分子式：HCHO　　分子量：30.03
理化特性	常温为无色、有刺激性气味的气体，沸点：－19.5℃，能溶于水、醇、醚，水溶液称福尔马林，杀菌能力极强。15℃以下易聚合，置空气中易氧化为甲酸
可能产生的危害后果	低浓度甲醛蒸气对眼、上呼吸道黏膜有强烈刺激作用，高浓度甲醛蒸气对中枢神经系统有毒性作用，可引起中毒性肺水肿。 主要症状：眼痛流泪、喉痒及胸闷、咳嗽并呼吸困难；口腔糜烂、上腹痛、吐血；眩晕、恐慌不安、步态不稳、昏迷。皮肤接触可引起皮炎，有红斑、丘疹、瘙痒、组织坏死等
职业病危害防护措施	1. 使用甲醛设备应密闭，不能密闭的应加强通风排毒； 2. 注意个人防护，正确穿戴劳动防护用品； 3. 严格遵守安全操作规程
应急救治措施	1. 撤离现场，移至新鲜空气处，吸氧； 2. 皮肤黏膜损伤，立即用2%的碳酸氢钠溶液或大量清水冲洗； 3. 立即与医疗急救单位联系抢救

三、工作场所职业病危害警示标识的设置

1. 警示标识设置场所

（1）使用有毒物品作业场所入口或作业场所的显著位置。

（2）高毒物品作业场所应急撤离通道，可能产生职业病危害的设备检维修作业场所。

（3）产生粉尘、噪声、高温的作业场所，可引起电光性眼炎、化学性灼伤和腐蚀的危险场所或岗位存在生物性职业病危害因素等的作业场所。

（4）存在放射性同位素和使用放射性装置的作业场所，可能产生职业病危害的设备。

（5）可能产生职业病危害的化学品、放射性同位素和含放射性物质材料的产品包装。

（6）储存可能产生职业病危害的化学品、放射性同位素和含有放射性物质材料的场所。

（7）职业病危害事故现场。

2. 警示标识设置要求

（1）公告栏、告知卡和警示标识应设在醒目位置，使用坚固材料制成，尺寸大小应满足内容需要，高度应适合劳动者阅读，内容应字迹清楚、颜色醒目。

（2）警示标识不能设在门、窗等可移动的物体上，之前不得放置妨碍认读的障碍物，设置的位置应具有良好的照明条件。

（3）可能产生职业病危害的设备、化学品、放射性同位素和含放射性物质的材料、产品包装上，可直接粘贴、印刷或者喷涂警示标识。

（4）用人单位多处场所都涉及同一职业病危害因素的，应在各工作场所入口处均设置相应的警示标识。

（5）工作场所内存在多个产生相同职业病危害因素的作业岗位的，临近的作业岗位可以共用警示标识、中文警示说明和告知卡。

（6）警示标识每半年至少检查一次，如发现有破损、变形、褪色等不符合要求时要及时修整或更换。用人单位应按照相关要求，完善职业病危害告知与警示标识档案材料，并将其存放于本单位的职业卫生档案。

（7）为了规范用人单位在保证安全生产工作的同时，维护职工权利，应加强监督管理，对职业病危害制定告知制度，具体做法如下：

1）在其作业场地明确张贴告知制度。

2）公司所有作业场存在粉尘、噪声、高温等职业病危害的车间必须将工作过程中可能接触的职业病危害因素的种类、危害程度、危害后果、提供的防护设施和个人使用的劳动防护用品等情况，通过三级教育、岗前培训、岗位培训等方式如实告知本单位职工，不得隐瞒或欺骗。

3）用人单位与职工订立劳动合同时应在合同中履行职业病危害告知的义务。

4）定期对职工进行作业场所职业病危害告知和警示规定方面的教育培训，部门负责人应了解其设置和使用方法。

5）用人单位各部门要对职工进行职业病危害的岗前培训，使他们了解和掌握被告知的内容，识别警示标识的含义和应对的措施。

第四节　劳动防护用品选用与管理

依据《中华人民共和国安全生产法》《中华人民共和国职业病防治法》等法律、法规，劳动防护用品是指用人单位为劳动者配备的，使其在劳动过程中免遭或者减轻事故伤害及职业病危害的个人防护装备。劳动防护用品是由用人单位提供的，保障劳动者安全与健康的辅助性、预防性措施，不得以劳动防护用品替代工程防护设施和其他管理措施。用人单位应当建立健全劳动防护用品的采购、验收、保管、发放、培训、使用、维护、更换、报废等管理制度，安排专项经费用于配备劳动防护用品，不得以货币或者其他物品替代。用人单位应为劳动者提供符合国家标准和行业标准的劳动防护用品，应购买使用获得安全标志认证的劳动保护用品，应急管理部门有权对辖区内用人单位劳动防护用品的使用情况施行监督管理，用人单位工会也应当督促协助用人单位开展劳动防护用品使用的宣传和培训工作，并有权对用人单位劳动防护用品的管理工作提出意见和建议。

一、劳动防护用品分类与选用

当工作场所中危害因素未知时，应先对产生或者存在的危险和危害因素进行识别，评价危险和危害程度，根据评价结果选择适当的劳动防护用品。

1. 劳动防护用品的分类

（1）按人体防护部位分类。《劳动防护用品分类与代码》（LD/T 75—1995）实行以人体防护部位划分的分类标准，将劳动防护用品分为头部防护用品、呼吸器官防护用品、眼（面部）防护用品、听觉器官防护用品、手部防护用品、足部防护用品、躯干防护用品、护肤用品、防坠落用品及其他防护用品共十大类。

1）头部防护用品。主要用于防护物理、化学和生物危害因素及冲击对头部伤害的防护用品，如安全帽、披肩防尘帽、防微波帽、防昆虫帽等。

2）呼吸器官防护用品。主要用于防护缺氧和空气污染物进入呼吸道的防护用品，如自吸过滤式呼吸器、送风过滤式呼吸器、携气式呼吸器、供气式呼吸器等。

3）眼（面部）防护用品。主要用于防护物理和化学危害因素及冲击对眼面部伤害的防护用品，如防冲击眼护具、焊接防护面屏、隔热面屏、防尘眼罩、防化学液体喷溅用眼罩等。

4）听觉器官防护用品。主要用于防噪声危害及防水、防寒等，如防噪声耳塞或者耳罩、防水耳塞、防寒耳罩等。

5）手部防护用品。主要用于防护物理、化学和生物危害因素对手部伤害的防护用品，如防射线手套、防振手套、化学品防护手套、焊工防护手套、微生物防护手套等。

6）足部防护用品。主要用于防护物理、化学危害因素及冲击对足部伤害的防护用品，如防砸安全鞋、防酸碱鞋、振动防护鞋、高温防护鞋、焊接防护鞋等。

7）躯干防护用品。主要用于防护物理、化学和生物危害因素对躯干伤害的防护用品，如微波防护服、放射线防护服、化学防护服、焊接防护服、防虫防护服等。

8）护肤用品。主要用于防护物理、化学危害因素对皮肤伤害的防护用品，如防水型护肤剂、防油型护肤剂、遮光型护肤剂、驱避型护肤剂、洁肤型护肤剂等。

9）防坠落用品，如安全带等。

10）其他防护用品，如救生圈等。

（2）按防御的职业病危害因素分类。根据《用人单位劳动防护用品管理规范》，劳动防护用品分为以下十大类：

1）防御物理、化学和生物危险、有害因素对头部伤害的头部防护用品。

2）防御缺氧空气和空气污染物进入呼吸道的呼吸防护用品。

3）防御物理和化学危险、有害因素对眼面部伤害的眼面部防护用品。

4）防噪声危害及防水、防寒等的听力防护用品。

5）防御物理、化学和生物危险、有害因素对手部伤害的手部防护用品。

6）防御物理和化学危险、有害因素对足部伤害的足部防护用品。

7）防御物理、化学和生物危险、有害因素对躯干伤害的躯干防护用品。

8）防御物理、化学和生物危险、有害因素损伤皮肤或引起皮肤疾病的护肤用品。

9）防止高处作业劳动者坠落或者高处落物伤害的坠落防护用品。

10）其他防御危险、有害因素的劳动防护用品。

2. 劳动防护用品的选用

用人单位应根据工作场所危险和危害因素种类及危害程度、结合劳动者作业方式和工作条件，并考虑其个人特点及劳动强度，为其选择防护功能和效果适宜的劳动防护用品。

（1）接触粉尘、有毒、有害物质的劳动者应当根据不同粉尘种类、粉尘浓度及游离二氧化硅含量和毒物的种类及浓度配备相应的呼吸器（详见表 4－3）、防护服、防护手套和防护鞋等。具体可参照《呼吸防护 自吸过滤式防颗粒物呼吸器》（GB 2626—2019）、《呼吸防护用品的选择、使用与维护》（GB/T 18664—2002）、《防护服装 化学防护服的选择、使用和维护》（GB/T 24536—2009）、《手部防护 防护手套的选择、使用和维护指南》（GB/T 29512—2013）和《个体防护装备 足部防护鞋（靴）的选择、使用和维护指南》（GB/T 28409—2012）等标准。

表 4－3　呼吸器和护听器的选用

危害因素	分类	要求
颗粒物	一般粉尘，如煤尘、水泥尘、木粉尘你、云母尘、滑石尘及其他粉尘	过滤效率至少满足《呼吸防护 自吸过滤式防颗粒物呼吸器》规定的 KN90 级别的防颗粒物呼吸器
	石棉	可更换式防颗粒物半面罩或全面罩，过滤效率至少满足《呼吸防护 自吸过滤式防颗粒物呼吸器》规定的 KN95 级别的防颗粒物呼吸器
	矽尘、金属粉尘（如铅尘、镉尘）、砷尘、烟（如焊接烟、铸造烟）	过滤效率至少满足《呼吸防护 自吸过滤式防颗粒物呼吸器》规定的 KN95 级别的防颗粒物呼吸器
	放射性颗粒物	过滤效率至少满足《呼吸防护 自吸过滤式防颗粒物呼吸器》规定的 KN100 级别的防颗粒物呼吸器

续表

危害因素	分类	要求
颗粒物	致癌性油性颗粒物（如焦炉烟、沥青烟等）	过滤效率至少满足《呼吸防护 自吸过滤式防颗粒物呼吸器》规定的 KP95 级别的防颗粒物呼吸器
化学物质	窒息气体	隔绝式正压呼吸器
	无机气体、有机蒸气	防毒面具 面罩类型： 工作场所毒物浓度超标不大于 10 倍，使用送风或自吸过滤半面罩；工作场所毒物浓度超标不大于 100 倍，使用送风或自吸过滤全面罩；工作场所毒物浓度超标大于 100 倍，使用隔绝式或送风过滤式全面罩
	酸性溶液、碱性溶液、蒸气	防酸碱面罩、防酸碱手套、防酸碱服、防酸碱鞋
噪声	劳动者暴露于工作场所 80 dB≤$L_{EX,8\ h}$<85 dB 的	用人单位应根据劳动者需求为其配备适用的护听器
	劳动者暴露于工作场所 $L_{EX,8\ h}$≥85 dB 的	用人单位应为劳动者配备适用的护听器，并指导劳动者正确佩戴和使用。劳动者暴露于工作场所 $L_{EX,8\ h}$ 为 85 ~ 95 dB的应选用护听器 *SNR* 为 17 ~ 34 dB 的耳塞或耳罩；劳动者暴露于工作场所 $L_{EX,8\ h}$ ≥95 dB 的应选用护听器 *SNR*≥34 dB 的耳塞、耳罩或者同时佩戴耳塞和耳罩，耳塞和耳罩组合使用时的声衰减值，可按二者中较高的声衰减值增加 5 dB 估算

工作场所存在《高毒物品目录》中的确定人类致癌物质（详见表 4 –4），当浓度达到其 1/2 职业接触限值（PC – TWA 或 MAC）时，用人单位应为劳动者配备相应的劳动防护用品，并指导劳动者正确佩戴和使用。

表 4 –4　　《高毒物品目录》中的确定人类致癌物质

序号	毒物名称	MAC（mg/m^3）	PC – TWA（mg/m^3）
1	苯	—	6
2	甲醛	0.5	—
3	铬及其化合物（三氧化铬、铬酸盐、重铬酸盐）	—	0.05
4	氯乙烯	—	10
5	焦炉逸散物	—	0.1
6	镍与难溶性镍化合物	—	1
7	可溶性镍化合物	—	0.5
8	铍及其化合物	—	0.000 5
9	砷及其无机化合物	—	0.01

续表

序号	毒物名称	MAC（mg/m³）	PC－TWA（mg/m³）
10	砷化（三）氢、胂	0.03	—
11	（四）羰基镍	0.002	—
12	氯甲基甲醚	0.005	—
13	镉及其化合物	—	0.01
14	石棉总尘/纤维	—	0.8

注：根据最新发布的《高毒物品目录》和确定人类致癌物质随时调整。

（2）接触噪声的劳动者，当暴露于 80 dB≤$L_{EX,8\,h}$<85 dB 的工作场所时，用人单位应当根据劳动者需求为其配备适用的护听器；当暴露于 $L_{EX,8\,h}$≥85 dB 的工作场所时，用人单位必须为劳动者配备适用的护听器，并指导劳动者正确佩戴和使用（详见表 4－3），具体可参照《护听器的选择指南》（GB/T 23466—2009）。

（3）工作场所中存在电离辐射危害的，经危害评价确认劳动者需佩戴劳动防护用品的，用人单位可参照电离辐射的相关标准及《个体防护装备配备规范 第 1 部分：总则》（GB 39800.1—2020）为劳动者配备劳动防护用品，并指导劳动者正确佩戴和使用。

（4）从事存在物体坠落、碎屑飞溅、转动机械和锋利器具等作业的劳动者，用人单位还可参照《个体防护装备配备规范 第 1 部分：总则》（GB 39800.1—2020）、《头部防护 安全帽选用规范》（GB/T 30041—2013）和《坠落防护装备安全使用规范》（GB/T 23468—2009）等标准，为劳动者配备适用的劳动防护用品。

（5）劳动防护用品选择的其他要求：

1）同一工作地点存在不同种类的危险、有害因素的，应当为劳动者同时提供防御各类危害的劳动防护用品。需要同时配备的劳动防护用品，还应考虑其可兼容性。

2）劳动者在不同地点工作，并接触不同的危险、有害因素，或接触不同的危害程度的有害因素的，为其选配的劳动防护用品应满足不同工作地点的防护需求。

3）劳动防护用品的选择还应当考虑其佩戴的合适性和基本舒适性，根据个人特点和需求选择适合号型、式样。

4）用人单位应当在可能发生急性职业损伤的有毒、有害工作场所配备应急劳动防护用品，放置于现场临近位置并有醒目标识。

5）用人单位应当为巡检等流动性作业的劳动者配备随身携带的个人应急防护用品。

二、劳动防护用品的管理

（1）用人单位应当根据劳动者工作场所中存在的危险、有害因素种类及危害程度、劳动环境条件、劳动防护用品有效使用时间制定适合本单位的劳动防护用品配备标准。

（2）用人单位应当根据劳动防护用品配备标准制订采购计划，购买符合标准的合格产品。

（3）用人单位应当查验并保存劳动防护用品检验报告等质量证明文件的原件或复印件。

（4）用人单位应当确保已采购劳动防护用品的存储条件，并保证其在有效期内。

（5）用人单位应当按照本单位制定的配备标准发放劳动防护用品，并做好登记。

（6）用人单位应当对劳动者进行劳动防护用品的使用、维护等专业知识的培训。

（7）用人单位应当督促劳动者在使用劳动防护用品前，对劳动防护用品进行检查，确保外观完好、部件齐全、功能正常。

（8）用人单位应当定期对劳动防护用品的使用情况进行检查，确保劳动者正确使用。

第五节　工作场所职业卫生管理

为了加强职业卫生管理工作，强化用人单位职业病防治的主体责任，预防、控制职业病危害，保障劳动者健康和相关权益，用人单位应当根据《中华人民共和国职业病防治法》等法律、法规，加强职业病防治工作，为劳动者提供符合法律、法规、规章、国家职业卫生标准和卫生要求的工作环境和条件，并采取有效措施保障劳动者的职业健康。

一、用人单位的职责

用人单位是职业病防治的责任主体，并对本单位产生的职业病危害承担责任。用人单位的主要负责人对本单位的职业病防治工作全面负责。

1. 管理机构与人员配置

职业病危害严重的用人单位，应当设置或者指定职业卫生管理机构或者组织，配备专职职业卫生管理人员。其他存在职业病危害的用人单位，劳动者超过 100 人的，应当设置或者指定职业卫生管理机构或者组织，配备专职职业卫生管理人员；劳动者在 100 人以下的，应当配备专职或者兼职的职业卫生管理人员，负责本单位的职业病防治工作。

2. 培训及其内容

用人单位的主要负责人和职业卫生管理人员应当具备与本单位所从事的生产经营活动相适应的职业卫生知识和管理能力，并接受职业卫生培训。

（1）主要负责人和职业卫生管理人员的培训。对用人单位主要负责人、职业卫生管理人员的职业卫生培训，应当包括下列主要内容：

1）职业卫生相关法律、法规、规章和国家职业卫生标准。

2）职业病危害预防和控制的基本知识。

3）职业卫生管理相关知识。

4）国家卫生健康委员会规定的其他内容。

（2）劳动者的培训。用人单位应当对劳动者进行上岗前的职业卫生培训和在岗期间的定期职业卫生培训，普及职业卫生知识，督促劳动者遵守职业病防治的法律、法规、规章、国家职业卫生标准和操作规程。

用人单位应当对职业病危害严重的岗位的劳动者，进行专门的职业卫生培训，经培训合格后方可上岗作业。因变更工艺、技术、设备、材料，或者岗位调整导致劳动者接触的职业病危害因素发生变化的，用人单位应当重新对劳动者进行上岗前的职业卫生培训。

3．建立健全管理制度和操作规程

存在职业病危害的用人单位应当制定职业病危害防治计划和实施方案，建立、健全下列职业卫生管理制度和操作规程：

（1）职业病危害防治责任制度。

（2）职业病危害警示与告知制度。

（3）职业病危害项目申报制度。

（4）职业病防治宣传教育培训制度。

（5）职业病防护设施维护检修制度。

（6）职业病防护用品管理制度。

（7）职业病危害监测及评价管理制度。

（8）建设项目职业病防护设施“三同时”管理制度。

（9）劳动者职业健康监护及其档案管理制度。

（10）职业病危害事故处置与报告制度。

（11）职业病危害应急救援与管理制度。

（12）岗位职业卫生操作规程。

（13）法律、法规、规章规定的其他职业病防治制度。

4．加强工作场所管理

产生职业病危害的用人单位的工作场所应当符合下列基本要求：

（1）生产布局合理，有害作业与无害作业分开。

（2）工作场所与生活场所分开，工作场所不得住人。

（3）有与职业病防治工作相适应的有效防护设施。

（4）职业病危害因素的强度或者浓度符合国家职业卫生标准。

（5）有配套的更衣间、洗浴间、孕妇休息间等卫生设施。

（6）设备、工具、用具等设施符合保护劳动者生理、心理健康的要求。

（7）法律、法规、规章和国家职业卫生标准的其他规定。

用人单位工作场所存在《职业病分类和目录》所列职业病的危害因素的，应当按照《职业病危害项目申报办法》的规定，及时、如实向所在地卫生健康主管部门申报职业病危害项目，并接受卫生健康主管部门的监督检查。新建、改建、扩建的工程建设项目和技术改造、技术引进项目（以下统称建设项目）可能产生职业病危害的，建设单位应当按照国家有关建设项目职业病防护设施“三同时”监督管理的规定，进行职业病危害预评价、职业病防护设施设计、职业病危害控制效果评价及相应的评审，组织职业病防护设施验收。

产生职业病危害的用人单位，应当在醒目位置设置公告栏，公布有关职业病防治的规章制度、操作规程、职业病危害事故应急救援措施和工作场所职业病危害因素检测结果。存在或者产生职业病危害的工作场所、作业岗位、设备、设施，应按《工作场所职业病危害警示标识》（GBZ 158—2003）的规定，在醒目位置设置图形、警示线、警示语句等警示标识和中文警示说明。警示说明应当载明产生职业病危害的种类、后果、预防和应急处置措施等内容。存在或者产生高毒物品的作业岗位，应按《高毒物品作业岗位职业病危害告知规范》（GBZ/T 203—2007）的规定，在醒目位置设置高毒物品告知卡，告知卡应当载明高毒物品的名称、理化特性、健康危害、防护措施及应急处理等告知内容与警示标识。

在可能发生急性职业损伤的有毒、有害工作场所，用人单位应当设置报警装置，配置现场急救用品、冲洗设备、应急撤离通道和必要的泄险区。现场急救用品、冲洗设备等应当设在可能发生急性职业损伤的工作场所或者临近地点，并在醒目位置设置清晰的标识。在可能突然泄漏或者逸出大量有害物质的密闭或者半密闭工作场所，用人单位还应当安装事故通风装置以及与事故排风系统的泄漏报警联锁装置。

生产、销售、使用、储存放射性同位素和射线装置的场所，应当按照国家有关规定设置明显的放射性标志，其入口处应当按照国家有关安全和防护标准的要求，设置安全和防护设施以及必要的防护安全联锁、报警装置或者工作信号。放射性装置的生产调试和使用场所，应当具有防止误操作、防止工作人员受到意外照射的安全措施。用人单位必须配备与辐射类型和辐射水平相适应的防护用品和监测仪器，包括个人剂量测量报警、固定式和便携式辐射监测、表面污染监测、流出物监测等设备，并保证可能接触放射线的工作人员佩戴个人剂量计。

用人单位应当对职业病防护设备、应急救援设施进行经常性的维护、检修和保养，定期检测其性能和效果，确保其处于正常状态，不得擅自拆除或者停止使用。且应当实施由专人负责的工作场所职业病危害因素日常监测，确保监测系统处于正常工作状态。

5. 职业病危害检测与评价

对于职业病危害严重的用人单位，应当委托具有相应资质的职业卫生技术服务机构，每年至少进行 1 次职业病危害因素检测，每 3 年至少进行一次职业病危害现状评价。职业病危害一般的用人单位，应当委托具有相应资质的职业卫生技术服务机构，每 3 年至少进行一次职业病危害因素检测。检测、评价结果应当存入本单位职业卫生档案，并向卫生健康主管部门报告和劳动者公布。存在职业病危害的用人单位发生职业病危害事故或者国家卫生健康委员会规定的其他情形的，应当及时委托具有相应资质的职业卫生技术服务机构进行职业病危害现状评价。用人单位应当落实职业病危害现状评价报告中提出的建议和措施，并将职业病危害现状评价结果及整改情况存入本单位职业卫生档案。

用人单位在日常的职业病危害监测或者定期检测、现状评价过程中，发现工作场所职业病危害因素不符合国家职业卫生标准和卫生要求时，应当立即采取相应治理措施，确保其符合职业卫生环境和条件的要求；仍然达不到国家职业卫生标准和卫生要求的，必须停止存在职业病危害因素的作业；职业病危害因素经治理后，符合国家职业卫生标准和卫生要求的，方可重新作业。

6. 设备与材料管理

向用人单位提供可能产生职业病危害的设备的，应当提供中文说明书，并在设备的醒目位置设置警示标识和中文警示说明。警示说明应当载明设备性能、可能产生的职业病危害、安全操作和维护注意事项、职业病防护措施等内容。

向用人单位提供可能产生职业病危害的化学品、放射性同位素和含有放射性物质的材料的，应当提供中文说明书。说明书应当载明产品特性、主要成分、存在的有害因素、可能产生的危害后果、安全使用注意事项、职业病防护和应急救治措施等内容。产品包装应当有醒目的警示标识和中文警示说明。储存上述材料的场所应当在规定的部位设置危险物品标识或者放射性警示标识。

任何用人单位不得使用国家明令禁止使用的可能产生职业病危害的设备或者材料。任何单位和个人不得将产生职业病危害的作业转移给不具备职业病防护条件的单位和个人。不具备职业病防护条件的单位和个人不得接受产生职业病危害的作业。

用人单位应当优先采用有利于防治职业病危害和保护劳动者健康的新技术、新工艺、新材料、新设备，逐步替代产生职业病危害的技术、工艺、材料、设备。用人单位对采用的技术、工艺、材料、设备，应当知悉其可能产生的职业病危害，并采取相应的防护措施。对有职业病危害的技术、工艺、设备、材料，故意隐瞒其危害而采用的，用人单位对其所造成的职业病危害后果承担责任。

7. 职业卫生档案

用人单位应当建立健全下列职业卫生档案资料：

（1）职业病防治责任制文件。

（2）职业卫生管理规章制度、操作规程。

（3）工作场所职业病危害因素种类清单、岗位分布以及作业人员接触情况等资料。

（4）职业病防护设施、应急救援设施基本信息，以及其配置、使用、维护、检修与更换等记录。

（5）工作场所职业病危害因素检测、评价报告与记录。

（6）职业病防护用品配备、发放、维护与更换等记录。

（7）主要负责人、职业卫生管理人员和职业病危害严重工作岗位的劳动者等相关人员职业卫生培训资料。

（8）职业病危害事故报告与应急处置记录。

（9）劳动者职业健康检查结果汇总资料，存在职业禁忌证、职业健康损害或者职业病的劳动者处理和安置情况记录。

（10）建设项目职业病防护设施“三同时”有关资料。

（11）职业病危害项目申报等有关回执或者批复文件。

（12）其他有关职业卫生管理的资料或者文件。

8. 职业病危害事故报告

用人单位发生职业病危害事故，应当及时向所在地卫生健康主管部门和有关部门报告，并采取有效措施，减少或者消除职业病危害因素，防止事故扩大。对遭受或者可能遭受急性职业病危害的劳动者，用人单位应当及时组织救治、进行健康检查和医学观察，并承担所需费用。用人单位不得故意破坏事故现场、毁灭有关证据，不得迟报、漏报、谎报或者瞒报职业病危害事故。用人单位发现职业病病人或者疑似职业病病人时，应当按照国家规定及时向所在地卫生健康主管部门和有关部门报告。

用人单位在卫生健康主管部门行政执法人员依法履行监督检查职责时，应当予以配合，不得拒绝、阻挠。

二、监督管理

1. 监督检查及其重点内容

卫生健康主管部门应当依法对用人单位执行有关职业病防治的法律、法规、规章和国家职业卫生标准的情况进行监督检查，重点监督检查下列内容：

（1）设置或者指定职业卫生管理机构或者组织，配备专职或者兼职的职业卫生管理人员情况。

（2）职业卫生管理制度和操作规程的建立、落实及公布情况。

（3）主要负责人、职业卫生管理人员和职业病危害严重的工作岗位的劳动者职业卫生培训情况。

（4）建设项目职业病防护设施“三同时”制度落实情况。

（5）工作场所职业病危害项目申报情况。

（6）工作场所职业病危害因素监测、检测、评价及结果报告和公布情况。

（7）职业病防护设施、应急救援设施的配置、维护、保养情况，以及职业病防护用品的发放、管理及劳动者佩戴使用情况。

（8）职业病危害因素及危害后果警示、告知情况。

（9）劳动者职业健康监护、放射工作人员个人剂量监测情况。

（10）职业病危害事故报告情况。

（11）提供劳动者健康损害与职业史、职业病危害接触关系等相关资料的情况。

（12）依法应当监督检查的其他情况。

2. 监督检查的措施

卫生健康主管部门履行监督检查职责时，有权采取下列措施：

（1）进入被检查单位及工作场所，进行职业病危害检测，了解情况，调查取证。

（2）查阅、复制被检查单位有关职业病危害防治的文件、资料，采集有关样品。

（3）责令违反职业病防治法律、法规的单位和个人停止违法行为。

（4）责令暂停导致职业病危害事故的作业，封存造成职业病危害事故或者可能导致职业病危害事故发生的材料和设备。

（5）组织控制职业病危害事故现场。

在职业病危害事故或者危害状态得到有效控制后，卫生健康主管部门应当及时解除上述第（4）项、第（5）项规定的控制措施。

三、法律责任

用人单位有下列情形之一的，责令限期改正，给予警告，可以并处5 000元以上2万元以下的罚款：

（1）未按照规定实行有害作业与无害作业分开、工作场所与生活场所分开的。

（2）用人单位的主要负责人、职业卫生管理人员未接受职业卫生培训的。

（3）其他违法行为。

用人单位有下列情形之一的，责令限期改正，给予警告；逾期未改正的，处10万元以下的罚款：

（1）未按照规定制定职业病防治计划和实施方案的。

（2）未按照规定设置或者指定职业卫生管理机构或者组织，或者未配备专职或者兼职的职业卫生管理人员的。

（3）未按照规定建立、健全职业卫生管理制度和操作规程的。

（4）未按照规定建立、健全职业卫生档案和劳动者健康监护档案的。

（5）未建立、健全工作场所职业病危害因素监测及评价制度的。

（6）未按照规定公布有关职业病防治的规章制度、操作规程、职业病危害事故应急救援措施的。

（7）未按照规定组织劳动者进行职业卫生培训，或者未对劳动者个体防护采取有效的指导、督促措施的。

（8）工作场所职业病危害因素检测、评价结果未按照规定存档、上报和公布的。

用人单位有下列情形之一的，责令限期改正，给予警告，可以并处5万元以上10万元以下的罚款：

（1）未按照规定及时、如实申报产生职业病危害的项目的。

（2）未实施由专人负责职业病危害因素日常监测，或者监测系统不能正常监测的。

（3）订立或者变更劳动合同时，未告知劳动者职业病危害真实情况的。

（4）未按照规定组织劳动者进行职业健康检查、建立职业健康监护档案或者未将检查结果书面告知劳动者的。

（5）未按照规定在劳动者离开用人单位时提供职业健康监护档案复印件的。

用人单位有下列情形之一的，责令限期改正，给予警告；逾期未改正的，处5

万元以上20万元以下的罚款；情节严重的，责令停止产生职业病危害的作业，或者提请有关人民政府按照国务院规定的权限责令关闭：

（1）工作场所职业病危害因素的强度或者浓度超过国家职业卫生标准的。

（2）未提供职业病防护设施和劳动者使用的职业病防护用品，或者提供的职业病防护设施和劳动者使用的职业病防护用品不符合国家职业卫生标准和卫生要求的。

（3）未按照规定对职业病防护设备、应急救援设施和劳动者职业病防护用品进行维护、检修、检测，或者不能保持正常运行、使用状态的。

（4）未按照规定对工作场所职业病危害因素进行检测、现状评价的。

（5）工作场所职业病危害因素经治理仍然达不到国家职业卫生标准和卫生要求时，未停止存在职业病危害因素的作业的。

（6）发生或者可能发生急性职业病危害事故，未立即采取应急救援和控制措施或者未按照规定及时报告的。

（7）未按照规定在产生严重职业病危害的作业岗位醒目位置设置警示标识和中文警示说明的。

（8）拒绝卫生健康主管部门监督检查的。

（9）隐瞒、伪造、篡改、毁损职业健康监护档案、工作场所职业病危害因素检测评价结果等相关资料，或者不提供职业病诊断、鉴定所需要资料的。

（10）未按照规定承担职业病诊断、鉴定费用和职业病病人的医疗、生活保障费用的。

用人单位有下列情形之一的，依法责令限期改正，并处5万元以上30万元以下的罚款；情节严重的，责令停止产生职业病危害的作业，或者提请有关人民政府按照国务院规定的权限责令关闭：

（1）隐瞒技术、工艺、设备、材料所产生的职业病危害而采用的。

（2）隐瞒本单位职业卫生真实情况的。

（3）可能发生急性职业损伤的有毒、有害工作场所或者放射工作场所不符合法律有关规定的。

（4）使用国家明令禁止使用的可能产生职业病危害的设备或者材料的。

（5）将产生职业病危害的作业转移给没有职业病防护条件的单位和个人，或者没有职业病防护条件的单位和个人接受产生职业病危害的作业的。

（6）擅自拆除、停止使用职业病防护设备或者应急救援设施的。

（7）安排未经职业健康检查的劳动者、有职业禁忌的劳动者、未成年工或者孕期、哺乳期女职工从事接触产生职业病危害的作业或者禁忌作业的。

（8）违章指挥和强令劳动者进行没有职业病防护措施的作业的。

用人单位违反《中华人民共和国职业病防治法》的规定，已经对劳动者生命健康造成严重损害的，责令停止产生职业病危害的作业，或者提请有关人民政府按照国务院规定的权限责令关闭，并处10万元以上50万元以下的罚款。造成重大职业病危害事故或者其他严重后果，构成犯罪的，对直接负责的主管人员和其他直接责任人员，依法追究刑事责任。向用人单位提供可能产生职业病危害的设备或者材料，未按照规定提供中文说明书或者设置警示标识和中文警示说明的，责令限期改正，给予警告，并处5万元以上20万元以下的罚款。用人单位未按照规定报告职业病、疑似职业病的，责令限期改正，给予警告，可以并1万元以下的罚款；弄虚作假的，并处2万元以上5万元以下的罚款。

第六节　职业病救治与康复

我国地方各级卫生健康行政部门每年要对本行政区域内职业健康检查机构、职业病诊断机构上报的职业健康检查个案信息、职业病诊断报告信息进行排查，通过健全的质量管理制度和职业健康控制评估对职业病患者进行救治与康复。

一、用人单位职业健康监护

1. 职业健康检查的类型及管理

用人单位应当依法组织从事接触职业病危害作业的劳动者进行职业健康检查，

包括上岗前的职业健康检查、在岗期间的定期职业健康检查、离岗时的职业健康检查和职业病危害事故应急健康检查。

（1）上岗前的职业健康检查。用人单位应当组织接触职业病危害因素的劳动者进行上岗前的职业健康检查。新录用、变更工作岗位或工作内容的劳动者在上岗前，用人单位应委托依法取得相应资质的职业卫生技术服务机构根据劳动者拟从事的工种和工作岗位，分析该工种和岗位存在的职业病危害因素以及对人体健康的影响，按照国家的有关规定，确定特定的健康检查项目，安排劳动者到省级以上卫生健康行政部门批准的、有职业健康检查资格的医疗卫生机构进行职业健康检查。体检费用由用人单位承担。同时应建立相应的管理制度，责任到位，有人负责职业健康检查的相关工作。

（2）在岗期间的定期职业健康检查。用人单位应当组织接触职业病危害因素的劳动者进行在岗期间的定期职业健康检查。对需要复查和医学观察的劳动者，应当按照体检机构要求的时间，安排其复查和医学观察。为了及时发现健康损害和健康影响，用人单位应根据劳动者所从事的工种和工作岗位存在的职业病危害因素及其对人体健康的影响规律，对劳动者进行动态健康观察，按照国家规定安排劳动者到省级以上卫生健康行政部门批准的、有职业健康检查资格的医疗卫生机构进行职业健康检查，并做好相应记录。同时应建立相应的管理制度，责任到位，有人负责劳动者定期进行职业健康检查的相关工作。

（3）离岗时的职业健康检查。用人单位应当组织接触职业病危害因素的劳动者进行离岗时的职业健康检查。用人单位应根据国家有关规定安排离岗时的劳动者到省级以上的卫生健康行政部门批准的、有职业健康检查资格的医疗卫生机构进行职业健康检查，并将检查结果存入职业健康监护档案。同时应建立相应的管理制度，责任到位，有人负责劳动者离岗时的职业健康检查相关工作。未进行离岗前职业健康检查，不得解除或者终止劳动合同。劳动者在离岗前，用人单位应无偿为劳动者进行离岗前职业健康检查，没有进行检查的不得解除或者终止劳动合同。

（4）职业病危害事故应急健康检查。用人单位对遭受或者可能遭受急性职业病危害的劳动者，应当及时组织进行健康检查和医学观察。

发生急性职业病危害事故后，用人单位应及时组织救治遭受急性职业病危害的劳动者，同时应对可能遭受急性职业病危害的劳动者进行健康检查和医学观察。可能遭受急性职业病危害的劳动者是指在发生急性职业病危害事故现场工作的、直接或间接接触了职业病危害因素的劳动者，或者是参与急性职业病危害事故应急救援而接触了职业病危害因素但未出现危害后果或危害后果不明显的劳动者。应急健康检查所需费用由用人单位承担，应急检查的结果应存入职业健康监护档案。

2. 职业健康监护档案

用人单位应为劳动者建立职业健康监护档案，并按照规定的期限妥善保存，同时应建立相应的管理制度，责任到位，有专人负责职业健康监护档案保存工作，并根据有关病案的保密原则，保护劳动者的隐私。应对借阅做出规定，规定职业健康监护档案的借阅和复印权限，用人单位不允许未授权人员借阅，并做好借阅登记和复印记录，应如实、无偿为劳动者提供职业健康监护档案复印件。用人单位有义务在劳动者离岗时提供职业健康监护档案复印件，并在所提供的复印件上签章，不得弄虚作假，不得向劳动者收取任何费用。

3. 职业禁忌证管理

禁止有职业禁忌证的劳动者从事其所禁忌的作业。

职业健康监护应涵盖对职业禁忌证的处理。用人单位应该根据工作场所职业病危害因素的特点，按照工种确定其相应的职业禁忌证，并根据职业健康监护结果，按照国家的有关规定，对患有职业禁忌证的劳动者进行妥善处理。如果是在上岗前体检发现的，不能安排患有职业禁忌证的劳动者从事其所禁忌的作业，如果是在岗期间发现的，应从劳动者禁忌的作业岗位调离。

二、职业病危害事故的应急救援管理

1. 建立健全职业病危害事故应急救援预案

用人单位应建立健全职业病危害事故应急救援预案并形成书面文件予以公布。

职业病危害事故应急救援预案应明确责任人、组织机构、事故发生后的疏通线路、紧急集合点、技术方案、救援设施的维护和启动、医疗救护方案等内容。

2. 应急救援设施

应急救援设施应存放在车间内或临近车间处，一旦发生事故，应保证在 10 s 内能够获取。应急救援设施存放处应有醒目的警示标识，应确保劳动者知晓。应使劳动者掌握急救用品的使用方法。

上述现场应急救援设施应是经过国家质量监督检验合格的产品，应安全有效，并建立相应的管理制度，责任到位，有人负责，定期检查，及时维修或更新，保证现场应急救援设施的安全有效性。

3. 应急救援预案演练

用人单位应对职业病危害事故应急救援预案的演练做出相关规定，对演练的周期、内容、项目、时间、地点、目标、效果评价、组织实施以及负责人等予以明确。应急救援演练的周期应按照相关标准和作业场所职业病危害的严重程度分别管理，制定最低演练周期、演练要求及监督部门的监督职责。应如实记录实际演练的全部过程并存档。

三、职业病诊断与病人保障

1. 职业病病人保障工作

（1）及时向卫生健康行政部门报告职业病病人。用人单位应建立职业病报告制度，责任到位，有人负责，当发现有职业病病人时，按照规定的时限和程序向卫生健康行政部门报告，不得虚报、漏报、拒报、迟报、伪造和篡改。

（2）及时向卫生健康行政部门报告疑似职业病病人。用人单位应建立职业病报告制度，责任到位，有人负责，发现疑似职业病病人时，按照规定的时限和程序向卫生行政部门报告，不得虚报、漏报、拒报、迟报、伪造和篡改。

（3）向所在地人力资源和社会保障部门报告。用人单位出现职业病病人时，除按照规定的时限和程序向卫生健康行政部门报告外，同时还应向所在地人力资源和社会保障部门报告。

（4）积极安排劳动者进行职业病诊断和鉴定。如果劳动者在工作过程中感到不适，又排除其他疾病的，经劳动者申请，用人单位应安排劳动者的职业病诊断，对职业病诊断结果有异议的，可申请职业病鉴定。为了保证受到职业病危害的劳动者享有充分的权利，职业病诊断、鉴定费用由用人单位承担。

（5）安排疑似职业病病人的职业病诊断。在同一工作环境中，同时或短期内发生两例或两例以上健康损害表现相同或相似病例，病因不明确，又不能以常见病、传染病、地方病等群体性疾病解释的，或者职业健康检查机构、职业病诊断机构依据职业病诊断标准，认为需要作进一步的检查、医学观察或诊断性治疗以明确诊断的疑似职业病病人，用人单位应安排进一步的职业病诊断。

（6）安排职业病病人的治疗、定期检查和康复。劳动者被确诊患有职业病后，用人单位应根据职业病诊断医疗机构的意见，安排其医治或康复疗养。用人单位同时应建立相应的制度，对职业病病人治疗、定期检查、康复等内容进行明确规定，责任到位，有人负责相关工作。

（7）调离和妥善安置职业病病人。劳动者被确诊患有职业病后，其用人单位在劳动者经医治或康复疗养后被确认为不宜继续从事原有害作业或工作的，应将其调离原工作岗位，另行安排。用人单位应为确诊患有职业病的劳动者按照《工伤保险条例》的规定申报工伤，对留有残疾、影响劳动能力的，应进行劳动能力鉴定，并根据其鉴定结果安排适合其本人职业技能的工作。用人单位同时应建立相应的制度，责任到位，有人负责安置职业病病人的相关工作。

（8）如实提供职业病诊断、鉴定所需要的资料。当劳动者需要进行职业病诊断时，用人单位应如实提供与职业病诊断、鉴定有关的职业卫生和职业健康监护方面的资料。职业卫生资料包括工作场所职业病危害因素定期检测资料及职业卫生防护设备及个人职业病防护用品配置情况。职业健康监护资料包括职业接触史、上岗前健康检查结果，以及在岗期间定期健康检查结果的资料，退休、离岗人员以及换岗（调离原单位）人员还需提供离岗后医学追踪观察资料。因工作场所突发意外急性职业病危害事故或职业安全事故导致大范围环境污染的，其接触者还应提供事故应急健康检查结果的资料。

2. 申请职业病诊断时应当提供的材料

（1）职业史、患病既往史。

（2）职业健康监护档案复印件。

（3）职业健康检查结果。

（4）工作场所历年职业病危害因素检测、评价资料。

（5）诊断机构要求提供的其他必需的有关材料。用人单位和有关机构应当按照诊断机构的要求，如实提供必要的资料。没有职业病危害接触史或者健康检查没有发现异常的，诊断机构可以不予受理。

3. 鉴定程序

根据《中华人民共和国职业病防治法》有关规定，职业病鉴定程序主要包括如下 5 个方面内容：

（1）申请。当事人向作出诊断的医疗卫生机构所在地政府卫生健康行政部门提出鉴定申请。鉴定申请需提供的材料包括鉴定申请书、职业病诊断病历记录、诊断证明书以及鉴定委员会要求提供的其他材料。

（2）审核。职业病诊断鉴定办事机构收到当事人的鉴定申请后，要对其提供的与鉴定有关的资料进行审核，看有关材料是否齐备、有效。职业病诊断鉴定办事机构应当自收到申请资料之日起 10 日内完成材料审核，对材料齐全的发给受理通知书，对材料不全的，通知当事人进行补充。必要时由第三方对患者进行体检或提取相关现场证据。当事人应当按照鉴定委员会的要求，予以配合。

（3）组织鉴定。参加职业病诊断鉴定的专家，由申请鉴定的当事人在职业病诊断鉴定办事机构的主持下，从专家库中以随机抽取的方式确定，当事人也可以委托职业病诊断鉴定办事机构抽取专家，组成职业病诊断鉴定委员会，诊断鉴定委员会通过审阅鉴定资料，综合分析，作出鉴定结论。鉴定意见不一致时，应当予以注明。

（4）鉴定书。鉴定书的内容应当包括：被鉴定人的职业接触史；作业场所监测数据和有关检查资料等一般情况；当事人对职业病诊断的主要争议以及鉴定结论和鉴定时间。鉴定书必须由所有参加鉴定的成员共同签署，并加盖鉴定委员会公章。

（5）异议处理。当事人对职业病诊断有异议的，在接到职业病诊断证明书之日起 30 日内，可以向做出诊断的医疗卫生机构所在地设区的市级卫生健康行政部门申请鉴定。设区的市级卫生健康行政部门组织的职业病诊断鉴定委员会负责职业病诊断争议的首次鉴定。当事人对设区的市级职业病诊断鉴定委员会的鉴定结论不服的，在接到职业病诊断鉴定书之日起 15 日内，可以向原鉴定机构所在地省级卫生健康行政部门申请再鉴定。省级职业病诊断鉴定委员会的鉴定为最终鉴定。

第五章 工伤事故应急处置

第一节　应急管理概述

一、应急管理及其要素

1. 基本概念

应急管理是管理者动用一定的原理和方法、手段，通过一系列特定的管理行为和领导活动，使全体成员努力工作，以达到应急工作目标的过程。应急管理可定义为，政府及其他公共机构在突发事件的事前预防、事发应对、事中处置和善后管理过程中，通过建立必要的应对机制，采取一系列必要措施，保障公众生命财产安全，促进社会和谐健康发展的有关活动。

应急管理是对突发事件的全过程管理，根据突发事件的预防、预警、发生和善后 4 个发展阶段，应急管理可分为预防与应急准备、监测与预警、应急处置与救援、事后恢复与重建 4 个过程。应急管理又是一个动态管理，包括预防、预警、响应和恢复 4 个阶段，均体现在管理突发事件的各个阶段。

2. 应急管理的要素

应急管理同时包括了风险管理、危险要素管理和灾害管理 3 个要素。其中，风险管理侧重减少危险发生的概率；危险要素管理侧重限制危险发生的条件；灾害管理侧重减轻危险造成的影响与后果。这也体现了应急管理“预防为主、防救结合”的原则。

二、我国应急预案总体工作原则

随着 2006 年 1 月 8 日国务院发布的《国家突发公共事件总体应急预案》出台，我国应急预案框架体系初步形成。是否具备应急能力及制定防灾减灾应急预案，标志着社会、企业、社区、家庭安全文化的基本素质的程度。作为公众中的一员，我们每个人都应具备一定的安全减灾文化素养及良好的心理素质和应急管理知识。

《国家突发公共事件总体应急预案》提出了如下六项工作原则：

1. 以人为本，减少危害

切实履行政府的社会管理和公共服务职能，把保障公众健康和生命安全作为首要任务，最大限度地避免和减少突发公共事件造成的人员伤亡和危害。

2. 居安思危，预防为主

高度重视公共安全工作，常抓不懈，防患于未然。增强忧患意识，坚持预防与应急相结合，常态与非常态相结合，做好应对突发公共事件的各项准备工作。

3. 统一领导，分级负责

在党中央、国务院的统一领导下，建立健全分类管理、分级负责，条块结合、属地管理为主的应急管理体制，在各级党委领导下，实行行政领导责任制，充分发挥专业应急指挥机构的作用。

4. 依法规范，加强管理

依据有关法律和行政法规，加强应急管理，维护公众的合法权益，使应对突发公共事件的工作规范化、制度化、法制化。

5. 快速反应，协同应对

加强以属地管理为主的应急处置队伍建设，建立联动协调制度，充分动员和发挥乡镇、社区、企事业单位、社会团体和志愿者队伍的作用，依靠公众力量，形成统一指挥、反应灵敏、功能齐全、协调有序、运转高效的应急管理机制。

6. 依靠科技，提高素质

加强公共安全科学研究和技术开发，采用先进的预测、预警、预防和应急处置技术及设施，充分发挥专家队伍和专业人员的作用，提高应对突发公共事件的科技水平和指挥能力，避免发生次生、衍生事件；加强宣传和培训教育工作，提高公众自救、互救和应对各类突发公共事件的综合素质。

三、应急管理的工作内容

应急管理的工作内容可以概括为“一案三制”。

“一案”是指应急预案，就是根据发生和可能发生的突发事件，事先研究制定的应对计划和方案，包括各级政府总体预案、专项预案和部门预案，以及基层单位的预案和大型活动的单项预案。“三制”是指应急管理工作的管理体制、运行机制和应急法制。

1. 建立健全和完善应急预案体系

要建立“纵向到底，横向到边”的预案体系。所谓“纵向到底”，就是按垂直管理的要求，从国家到省、市、县、乡镇各级政府和基层单位都要制定应急预案，不可断层；所谓“横向到边”，就是所有种类的突发公共事件都要有部门管，都要制定专项预案和部门预案，不可缺失。相关预案之间要做到互相衔接、逐级细化。预案的层级越低，各项规定就要越明确、越具体，避免出现“上下一般粗”现象，防止照搬照套。

2. 建立健全和完善应急管理体制

主要建立健全集中统一、坚强有力的组织指挥机构，形成强大的社会动员体系。建立健全以事发地党委、政府为主，有关部门和相关地区协调配合的领导责任制，建立健全应急处置的专业队伍、专家队伍。

3. 建立健全和完善应急运行机制

主要是要建立健全监测预警机制、信息报告机制、应急决策和协调机制、分级负责和响应机制、公众的沟通与动员机制、资源的配置与征用机制，奖惩机制和城乡社区管理机制等。

4. 建立健全和完善应急法制

主要是加强应急管理的法制化建设，把整个应急管理工作建设纳入法律和制度的轨道，按照有关的法律法规来建立健全预案，依法行政，依法实施应急处置工作，要把法治精神贯穿于应急管理工作的全过程。

第二节　突发事件应急处置

一、相关的法律法规规定解读

1.《中华人民共和国突发事件应对法》相关规定解读

《中华人民共和国突发事件应对法》自2007年11月1日起实施，共7章70条。该法是我国积极主动地预防、及时有效地处置和最大限度地减少各类突发事件发生的重要立法，在突发事件的预防与应急准备、监测与预警、应急处置与救援、事后恢复与重建等方面进行了明确的规定。

（1）突发事件管理体制。我国实行统一领导、综合协调、分类管理、分级负责、属地管理为主的应急管理体制，明确了突发事件应急管理体制建设的原则，也明确了突发事件应对的职责。

按照社会危害程度、影响范围等因素，自然灾害、事故灾难、公共卫生事件分为特别重大、重大、较大和一般四级。

（2）突发事件的预防与应急准备。突发事件的预防包括落实主体责任、制定应急预案、开展应急演练与培训教育、实施监测预警、提供各项保障等方面。

1）落实主体责任。应对突发事件，我国主要以“属地管理为主”。县级人民政府对本行政区域内突发事件的应对工作负责，突发事件发生后，发生地县级人民政府应当立即进行先期处置；一般和较大级自然灾害、事故灾难、公共卫生事件的应急处置工作分别由县级和设区的市级政府统一领导；重大和特别重大级的由发生地省级人民政府统一领导，其中影响全国、跨省级行政区域或者超出省级政府处置能力的，由国务院统一领导。

2）制定应急预案。国家建立健全突发事件应急预案体系。针对突发事件的性质、特点和可能造成的社会危害，明确突发事件应急管理工作的组织指挥体系与职责和突发事件的预防与预警机制、处置程序、应急保障措施以及事后恢复与重建措施。

3）开展应急演练与培训教育。县级以上人民政府应当建立健全政府及其部门有关工作人员应急管理知识和法律法规的培训制度，整合应急资源，建立健全综合、专业、专职与兼职志愿者应急救援队伍体系并加强培训和演练；县级人民政府及其有关部门、乡级人民政府、街道办事处和基层群众自治组织、有关单位应当组织开展应急知识的宣传普及活动和必要的应急演练；新闻媒体应当无偿开展应急知识的公益宣传；各级各类学校和其他教育机构应当将应急知识教育作为学生素质教育的重要内容。

4）实施监测预警。国务院建立全国统一的突发事件信息系统，汇集、储存、分析、传输有关突发事件的信息。县级以上人民政府及其有关部门建立健全基础信息数据库，完善监测网络，划分监测区域，确定监测点，明确监测项目，提供必要的设备、设施，配备专职或者兼职人员，对可能发生的突发事件进行监测。

地方各级人民政府应当按照国家有关规定向上级人民政府报送突发事件信息；专业机构、监测网点和信息报告员应当及时向所在地人民政府及其有关主管部门报告突发事件信息。

5）提供各项保障。国务院和县级以上地方各级人民政府应当采取财政措施，保障突发事件应对工作所需经费。

国家建立健全应急物资储备保障制度，完善重要应急物资的监管、生产、储备、调拨和紧急配送体系。

国家建立健全应急通信保障体系，完善公用通信网，建立有线与无线相结合、基础电信网络与机动通信系统相配套的应急通信系统，确保突发事件应对工作的通信畅通。

（3）突发事件应急处置与救援。突发事件发生后，政府必须在第一时间组织各方力量开展应急处置和救援工作，努力减轻和消除其对人民生命财产造成的损害。《中华人民共和国突发事件应对法》明确地方人民政府可以采取下列应急处置措施：

1）组织营救。组织营救和救治受害人员，疏散、撤离并妥善安置受到威胁的人员以及采取其他救助措施。

2）控制危险源。迅速控制危险源，标明危险区域，封锁危险场所，划定警戒区，实行交通管制以及其他控制措施。

3）抢修与提供避难。立即抢修被损坏的交通、通信、供水、排水、供电、供气、供热等公共设施，向受到危害的人员提供避难场所和生活必需品，实施医疗救护和卫生防疫以及其他保障措施。

4）限制、关闭部分设施场所。禁止或者限制使用有关设备、设施，关闭或者限制使用有关场所，终止人员密集的活动或者可能导致危害扩大的生产经营活动以及采取其他保护措施。

5）启用应急保障物资。启用本级人民政府设置的财政预备费和储备的应急救援物资，必要时调用其他急需物资、设备、设施、工具。

6）组织救援。组织公民参加应急救援和处置工作，要求具有特定专长的人员提供服务。

7）保障基本生活品供应。保障食品、饮用水、燃料等基本生活必需品的供应。

8）打击违法行为。依法从严惩处囤积居奇、哄抬物价、制假售假等扰乱市场秩序的行为，稳定市场价格，维护市场秩序。

9）维护社会秩序。依法从严惩处哄抢财物、干扰破坏应急处置工作等扰乱社会秩序的行为，维护社会治安。

10）其他保障措施。采取防止发生次生、衍生事件的必要措施。

（4）事后恢复与重建。突发事件的威胁和危害基本得到控制或者消除后，地方各级人民政府应当及时组织开展事后恢复与重建工作。为此，《中华人民共和国突发事件应对法》明确规定了以下措施：

1）进行评估，制订重建计划。突发事件应急处置工作结束后，履行统一领导职责的人民政府应当立即组织对突发事件造成的损失进行评估，组织受影响地区尽快恢复生产、生活、工作和社会秩序，制订恢复重建计划，并向上一级人民政府报告。

2）开展抚恤、救助与支持。国务院根据受突发事件影响地区遭受损失的情况，制定扶持该地区有关行业发展的优惠政策。受突发事件影响地区的人民政府应当根据本地区遭受损失的情况，制订救助、补偿、抚慰、抚恤、安置等善后工作计划并组织实施，妥善解决因处置突发事件引发的矛盾和纠纷。

3）总结经验教训。履行统一领导职责的人民政府应当及时查明突发事件的发生经过和原因，总结突发事件应急处置工作的经验教训，制定改进措施，并向上一级人民政府提出报告。

（5）公民在突发事件中的义务与责任：

1）报告突发事件。获悉突发事件信息的公民、法人或者其他组织，应当立即向所在地人民政府、有关主管部门或者指定的专业机构报告。

2）服从政府安排。公民应当服从人民政府、居民委员会、村民委员会或者所属单位的指挥和安排，配合人民政府采取的应急处置措施，积极参加应急救援工作，协助维护社会秩序。

3）鼓励开展宣传教育等活动。国家鼓励公民、法人和其他组织为人民政府应对突发事件工作提供物资、资金、技术支持和捐赠。

（6）法律责任。地方各级人民政府和县级以上各级人民政府有关部门违反

《中华人民共和国突发事件应对法》规定，不履行法定职责的，由其上级行政机关或者监察机关责令改正；如有迟报、谎报、瞒报、漏报有关突发事件的信息，或者未按规定及时采取措施处置突发事件或者处置不当、造成后果等情形的，根据情节对直接负责的主管人员和其他直接责任人员依法给予处分。

编造并传播虚假信息，或者明知是虚假信息而进行传播的，责令改正，给予警告；造成严重后果的，依法暂停其业务活动或者吊销其执业许可证；负有直接责任的人员是国家工作人员的，还应当对其依法给予处分；构成违反治安管理行为的，由公安机关依法给予处罚。

单位或者个人不服从所在地人民政府及其有关部门发布的决定、命令或者不配合其依法采取的措施，构成违反治安管理行为的，由公安机关依法给予处罚。单位或者个人违反规定，导致突发事件发生或者危害扩大，给他人人身、财产造成损害的，应当依法承担民事责任。

2.《生产安全事故应急条例》相关规定解读

2019 年 2 月 17 日，国务院颁发了《生产安全事故应急条例》（以下简称《条例》）。这是应急管理法律体系中安全生产领域的配套法规，在加强生产安全事故应急工作中，具有重要的基础性、规范性作用，其目的就是通过进一步规范生产安全事故应急工作，保障人民群众生命和财产安全。

（1）《条例》出台的背景。党中央和国务院高度重视生产安全事故应急工作，《中共中央　国务院关于推进安全生产领域改革发展的意见》也对生产安全事故应急工作提出了明确要求。近年来，我国生产安全事故应急能力和水平不断提高，取得了显著成效，但实践中仍然存在应急预案流于形式、应急演练实效性不强、应急救援队伍不足、应急资源储备不充分、事故现场救援机制不够完善、救援程序和措施不够明确、救援指挥不够科学等问题。为此，针对生产安全事故应急工作中存在的突出问题，制定了本行政法规。

（2）《条例》立法的现实意义与价值。《条例》正式公布，标志着安全生产应急管理立法工作取得重大进展，对做好新时代安全生产应急管理工作具有特殊而重大的历史意义。

1）开启了安全生产应急管理法制建设的新征程，强化了应急准备在应急管理工作中的主体地位，明确了有关各方在生产安全事故应急中的职责。《条例》在总则中确立了政府统一领导、生产经营单位负责、分级分类管理、整体协调联动、属地管理为主的生产安全事故应急体制，明确规定了各级人民政府、应急管理部门、事故单位及其主要负责人在应急处置与救援中所承担的责任和应当采取的必要措施，以及相应的法律责任，既遵从了上位法明确的相关要求，又理顺了政府、部门、企业、社会等有关各方在生产安全事故应急工作中的职责和定位，为推动实现各担其职、各负其责的生产安全事故应急工作局面提供了法制保障。

2）解决了生产安全事故应急工作中的现实问题。《条例》的实施，对全国生产安全事故应急工作进行的系统规范，切实解决了长期以来事故应急工作无法可依的问题，为全面提升应急管理工作水平提供了有力的法律支撑。

（3）《条例》立法的突出特点。《条例》在立法理念上坚持以人民为中心的发展思想，从保障人民群众生命财产安全的目的出发，贯彻生命至上、科学救援的应急管理理念，着眼于提高安全生产应急救援能力，对安全生产应急管理不同环节进行了细致规范。《条例》立法的突出特点体现在以下 3 个方面：

1）明确了职责定位。一是理顺了各级政府应急管理职责和定位。《条例》明确了政府统一领导，部门各负其责，应急管理部门指导协调，乡镇人民政府以及街道办事处等地方人民政府派出机关协助配合的生产安全事故应急管理体制。这为生产安全事故应急管理工作提供了坚强有力的组织保障。二是强化了生产经营单位应急管理责任。《条例》明确指出，生产经营单位主要负责人对本单位的生产安全事故应急工作全面负责。这有利于生产经营单位结合自身情况建立行之有效的岗位责任配置工作体系，明确各岗位责任人员、责任范围和考核标准等内容，做到层层落实应急管理责任，确保本单位应急管理工作顺利开展。

2）完善了制度规定。一是细化应急处置措施。《条例》对发生生产安全事故后，生产经营单位、有关地方人民政府及其部门各自应采取的应急救援措施进行了细化，对生产经营单位开展先期处置、政府组织救援及向上级人民政府报告请求支援等工作环节予以规范，其出发点是突出第一时间响应，这有利于提高救援时效和效率。二是优化生产经营单位应急救援预案编制和演练。《条例》明确要求生产经营单位应当针对可能发生的生产安全事故的特点和危害，在进行风险辨识和评估的基础上编制应急救援预案；确立应急救援预案动态修订以及备案、公布制度，明确生产安全事故应急救援预案制定单位应当及时修订相关预案的情形；针对政府及其部门、不同类型企业，规定了不同期限要求的应急救援预案演练制度，切实发挥应急救援预案牵引应急准备、指导应急救援的重要作用。三是加强应急救援制度建设。《条例》规范应急救援队伍管理，要求建立高危行业企业应急物资配备制度，提升应急支撑和保障能力；建立生产安全事故应急救援评估制度，及时总结和吸取应急处置经验教训，提高事故灾难应急处置能力；建立应急救援社会化服务制度，使应急救援社会化、市场化服务工作具备了法规制度基础。

3）创新了保障措施。一是明确应急救援费用承担原则。《条例》规定应急救援费用由事故责任单位承担，在事故责任单位无力承担的情况下，由有关地方人民政府协调解决，从而突出生产经营单位安全生产主体责任，有效解决了应急救援费用承担难题。二是建立应急救援现场总指挥负责制度。《条例》规定生产安全事故发生后，可以设立应急救援现场指挥部，实行总指挥负责制，各有关单位和个人应当服从指挥救援工作，确保生产安全事故现场应急指挥统一、有序、高效。三是赋予有关人民政府决定应急救援终止的权限。《条例》规定生产安全事故的威胁和危害得到控制或者消除后，有关人民政府应当依法决定停止执行全部或部分应急救援措施。四是坚持违法必究。《条例》规定了相应法律责任，对生产安全事故应急违法行为进行处罚，有效保障具体制度和措施的实施。

二、突发事件应急处置概述

1. 突发事件的概念

《中华人民共和国突发事件应对法》将突发事件定义为：突然发生，造成或者可能造成严重社会危害，需要采取应急措施予以应对的自然灾害、事故灾难、公共卫生事件和社会安全事件。

2. 突发事件应急处置的特点

突发事件应急处置是一项重要的公共事务，既是政府的行政管理职能，也是社会公众的法定义务。同时，应急管理活动又有法律的约束，具有与其他行政活动不同的特点。

（1）政府主导性。应急管理的主体是政府、企业和其他公共组织，其中的责任主体是政府，政府起主导性作用。政府主导性体现在两个方面：一方面，政府主导性是由法律规定的。《中华人民共和国突发事件应对法》规定，县级人民政府对本行政区域内突发事件的应对工作负责，涉及两个以上行政区域的，由有关行政区域共同的上一级人民政府负责，或者由各有关行政区域的上一级人民政府共同负责，从法律上明确界定了政府的责任。另一方面，政府主导性是由政府的行政管理职能决定的。政府掌管行政资源和大量的社会资源，拥有组织严密的行政组织体系，具有庞大的社会动员能力，这是任何非政府组织和个人无法比拟的行政优势，只有由政府主导，才能动员各种资源和各方面力量开展应急管理。

（2）社会参与性。《中华人民共和国突发事件应对法》规定，公民、法人和其他组织有义务参与突发事件应对工作，这从法律上规定了应急管理的全社会义务。尽管政府是应急管理的责任主体，但是没有全社会的共同参与，突发事件应对不可能取得好的效果。以政府为主导，广泛动员全社会力量参与，才能战胜突如其来的灾难。

（3）行政强制性。应急管理主要是依靠行使公共权力对突发事件进行管理。公共权力具有强制性，社会成员必须绝对服从。在处置突发事件时，政府应急管理的一些原则、程序和方式将不同于正常状态，权力将更加集中，决策和行政程序将更加简化，一些行政行为将带有更大的强制性。当然，这些非常规的行政行为必须有相应法律、法规作保障，应急管理活动既受到法律、法规的约束，需正确行使法律、法规赋予的应急管理权限，同时又可以法律、法规作为手段，规范和约束管理过程中的行为，确保应急管理措施到位。

（4）目标广泛性。应急管理以维护公共利益、社会大众利益为己任，以保持社会秩序、保障社会安全、维护社会稳定为目标。换句话说，应急管理追求的是社会安全、社会秩序和社会稳定，关注的是包括经济、社会、政治等方面的公共利益和社会大众利益，其出发点和落脚点就是把人民群众的利益放在第一位，保证人民群众生命财产安全，保证人民群众安居乐业，为社会全体公众提供全面优质的公共产品，为全社会提供公平公正的公共服务。

（5）管理局限性。一方面，突发事件的不确定性决定了应急管理的局限性。另一方面，突发事件发生后，尽管管理者作出了正确的决策，但指挥协调和物资供应任务十分繁重，要在极短时间内指挥协调、保障物资，本身就是一件艰巨的工作。

3. 突发事件应急处置的基本任务

（1）预防准备。首要任务是预防突发事件的发生。要通过应急管理预防行动和准备行动，建立突发事件源头防控机制，建立健全应急管理体制、制度，有效地控制突发事件的发生，做好突发事件的应对工作准备。

（2）预测预警。及时预测突发事件的发生并向社会预警，是减少突发事件损失的最有效措施，也是应急管理的主要工作。采取传统与科技手段相结合的办法进行预测，将突发事件消除在萌芽状态。一旦发现不可消除的突发事件，及时向社会预警。

（3）响应控制。突发事件发生后，能够及时启动应急预案，实施有效的应急救援行动，防止事件的进一步扩大和发展，是应急管理的重中之重。特别是发生在人口稠密区域的突发事件，应快速组织相关应急职能部门联合行动，控制事件继续扩展。

（4）资源协调。应急资源是实施应急救援和事后恢复的基础，应急管理机构应该在合理布局应急资源的前提下，建立科学的资源共享与调配机制，有效利用可用资源，防止在应急救援中出现资源短缺的情况。

（5）抢险救援。确保在应急救援行动中，及时、有序、科学地实施现场抢救和安全转送人员，以降低伤亡率、减少突发事件损失，这是应急管理的重要任务。

特别是突发事件具有发生突然、发生后会迅速扩散，以及波及范围广、危害性大等特点，要求应急救援人员及时指挥和组织群众采取各种措施进行自身防护，并迅速撤离危险区域或可能发生危险的区域，同时在撤离过程中应积极开展公众自救与互救工作。

（6）信息管理。突发事件的信息管理既是应急响应和应急处置的源头工作，也是避免引起公众恐慌的重要手段。应急管理机构应当以现代信息技术为支撑，如综合信息应急平台，保持信息的畅通，以协调各部门、各单位的工作。

（7）善后恢复。应急处置后，应急管理的重点应该放在安抚受害人员及其家属、稳定局面、清理受灾现场、尽快使系统功能恢复或者部分恢复上，并及时调查突发事件的发生原因和性质，评估危害范围和危害程度。

第三节　工伤事故应急救援与处置

一、事故应急救援与处置程序

1. 事故应急救援与处置及其必要性

在工伤事故发生后，事故应急救援体系能保证事故应急救援组织的及时出动，并有针对性地采取救援措施，这对防止事故的进一步扩大，减少人员伤亡和财产损失意义重大。应急救援工作中的一项重要任务是对发生的事故进行处理和对人员的及时救护，特别是现场救护往往能为伤员争取最宝贵的“救命的黄金时刻”。现场及时、正确的救护，能为医院救治创造条件，最大限度地挽救伤员的生命和减轻伤残。对于职工而言，学习和了解一些基本的自救和救援常识，对于减轻事故后果、实施有效的救援非常必要。

所谓应急救援与处置，是指为消除、减少事故危害，防止事故扩大或恶化，最大限度地降低事故造成的损失或危害而采取的救援措施或行动。

用人单位在日常安全生产教育培训中，要给职工介绍该单位危险源的位置、可能发生事故的类型、事故后果的严重程度、事故救援的程序及方法等，并组织职工进行事故应急演练。

2. 事故应急救援与处置的程序

（1）发现紧急情况后，事故现场人员应立即上报单位领导，如事态严重，应直接拨打相关电话报警。

（2）立即疏散事故现场人员。

（3）实施警戒治安，避免无关人员进入现场。

（4）立即采取现场行之有效的救护措施对受伤人员实施救护和对事态进行控制。

（5）及时将受伤人员送医院救治。

（6）及时报告有关应急救援部门。

二、受伤人员的伤情判断

1. 有无意识

（1）判断。受伤人员对于问话、拍打肩膀、紧捏手指等刺激均无反应，则说明已无意识。

（2）措施。无意识时必须呼救并实施现场急救措施。

2. 有无呼吸

（1）判断。目测受伤人员胸部的起伏情况，用耳朵测听其呼吸声。

（2）措施。保持呼吸道畅通，如果呼吸停止，必须马上实施人工呼吸急救。

3. 有无脉搏

（1）判断。测试脉搏时应将指尖轻轻放在受伤人员的颈动脉或股动脉处。

（2）措施。若感觉不到脉搏，则需立即进行胸外心脏按压急救。

4. 有无大出血

（1）判断。动脉出血时，血液呈喷射状，血色鲜红，危险性大；静脉出血时，血流较缓慢，血色暗红，呈持续状，危险性较大；毛细血管出血时，血色鲜红，从伤口处渗出，常自动凝固而止血，危险性较小。

（2）措施。必须采取措施立即止血。

三、几种常见的救护方法

1. 心肺复苏

心肺复苏（CPR）是针对骤停的心搏和呼吸采取的“救命技术”，其救护对象为在意外事件中心搏和呼吸停止的伤员或病人，而非心肺功能衰竭或绝症终期病患者。

实施心肺复苏的具体步骤如下：

（1）判断伤员有无意识。轻拍伤员的肩部，并大声呼喊，如果伤员没有反应（如睁眼、说话、肢体活动等），说明无意识。

（2）明确抢救的体位。伤员正确的抢救体位是水平仰卧位，即伤员平卧，头、颈、躯干不扭曲，两上肢放在躯干旁边；抢救人应跪在伤员肩部上侧，这样不需要移动自己膝部，就可依次进行人工呼吸和胸外心脏按压。

（3）保持伤员呼吸道畅通。解开伤员的领带、衣扣，救护人一只手压额，使伤员头部后仰，另一只手的食指、中指置于下颌骨下方。

将下颌骨部向前抬起，使咽喉和气道在一条水平线上。清除伤员口鼻内的污物、土块、痰、涕、呕吐物，使呼吸道通畅。必要时嘴对嘴吸出伤员口鼻中阻塞的痰和异物。

（4）判断伤员的呼吸（要在3～5 s内完成）。看胸部有无起伏，听有无出气声音，用脸感觉有无气流拂面。如无呼吸，立即进行人工呼吸急救。

（5）人工呼吸。保持伤员的气道畅通。用压前额那只手的拇指、食指捏紧伤员的鼻孔，另一只手托下颌。如果伤员的牙关紧闭或口腔严重受伤，可用一只手使伤员的口紧闭，做口对鼻人工呼吸。一次吹气完毕后，救护者与伤员的口脱开，并吸气准备第二次吹气。

按以上步骤反复进行，吹气频率为每分钟12～15次。

（6）判断伤员脉搏。若有脉搏，继续做人工呼吸；若无脉搏，立即进行胸外心脏按压。

（7）胸外心脏按压。将一只手的掌根按在伤员胸骨中下切迹上，两指平放在胸骨正中部位，另一只手压在该手的手背上，双手手指均应翘起不能平压在胸壁上。双肘关节伸直，利用体重和肩臂力量垂直向下挤压，使胸骨下陷 4 cm 左右，略停顿后在原位放松，但手掌根不能离开胸壁定位点。

单人抢救时，每按压 30 次后吹气 2 次，反复进行；两人施救时，每按压 5 次后由另一人吹气 1 次，反复进行。

2. 止血方法

当一个人一次失血量不超过血液总量的 10% 时，对健康无明显影响，并且失去的血量能很快恢复；当失血量超过 30% 时，就可能危及生命。

（1）毛细血管出血。血液从伤口渗出，出血量少，色红，危险性小，只需要在伤口处盖上消毒纱布或干净手帕等，扎紧止血。

（2）静脉出血。血色暗红，缓慢、不断地流出。一般抬高出血肢体以减少出血，然后在出血处放几层纱布，加压包扎止血。

（3）动脉出血。血色鲜红，出血来自伤口的近心端，呈搏动性喷射状，出血量多，速度快，危险性大。动脉出血时一般采用间接指压法止血，即在出血动脉的近心端用手指把动脉压在骨面上，予以止血。

3. 骨折急救

骨折急救是指在骨折发生后进行的及时处理，包括检查诊断和必要的临时措施。正确的骨折急救措施可有效减轻伤员的痛苦，并为医生的救护争取宝贵的时间。

骨折急救的现场实施方法如下：

（1）肢体骨折可用夹板、木棍、竹竿等将断骨上下方 2 个关节固定。若无固定物，则可将受伤的上肢绑在胸部，将受伤的下肢同健肢一并绑起来，避免骨折部位移动，以减少疼痛，防止伤势恶化。

（2）开放性骨折且伴有大量出血者，先止血，再固定，并用干净布片或纱布覆盖伤口，然后速送医院救治。切勿将外露的断骨推回伤口内。

（3）若在包扎伤口时骨折端已自行滑回创口内，则到医院后，须向负责医生说明，提醒注意。

（4）如有颈椎骨损伤，则使伤员平卧后，将沙土袋（或其他代替物）放置在头部两侧以使其颈部固定不动。

（5）腰椎骨骨折应使伤员平卧在硬木板（或门板）上，并将腰椎躯干及两下肢一起进行固定，预防移位造成瘫痪。搬运时应数人合作，保持平稳，不能扭曲。平地搬运时伤员头部在后，上楼、下楼、下坡时头部在上，搬运中应严密观察伤员，防止伤情突变。

第四节　避险与逃生

一、火灾避险与逃生

火灾的发生往往是瞬间的、无情的，如何提高自我保护能力，从火灾现场安全撤离，成为减少火灾中人员伤亡的关键。因此，多掌握一些自救与逃生的知识、技能，把握住脱险时机，就会在困境中拯救自己或赢得更多等待救援的时间。

1. 遇到火情时的对策

（1）火势初期，如果发现火势不大，未对人与环境造成很大威胁，其附近有消防器材，如灭火器、消火栓、自来水等，应尽可能地在第一时间将火扑灭，不可置小火于不顾而酿成火灾。

（2）当火势失去控制，不要惊慌失措，应冷静机智地运用火场自救和逃生知识摆脱困境。心理的恐慌和崩溃往往使人丧失绝佳的逃生机会。

2. 建筑物内发生火灾时如何避险与逃生

（1）火灾现场的自救与逃生

1）沉着冷静，辨明方向，迅速撤离危险区域。突遇火灾，面对浓烟和大火，首先要使自己保持镇静，迅速判断危险地点和安全地点，果断决定逃生的办法，尽快撤离险地。如果火灾现场人员较多，切不可慌张，更不要相互拥挤、盲目跟从或乱冲乱撞、相互践踏，避免造成意外伤害。

撤离时要朝明亮或外面空旷的地方跑，同时尽量向楼梯下面跑。进入楼梯间后，在确定下楼层未着火时，可以向下逃生，而决不应往上跑。若通道已被烟火封阻，则应背向烟火方向离开，通过阳台、气窗、天台等往室外逃生。如果现场烟雾很大或断电，能见度低，无法辨明方向，则应贴近墙壁或按指示灯的提示，摸索前进，找到安全出口。

2）利用消防通道，不可进入电梯。在高层建筑中，电梯的供电系统在火灾时随时会断电，或因强热作用使电梯部件变形而“卡壳”将人困在电梯内，给救援工作增加难度。同时，由于电梯井犹如贯通的烟囱般直通各楼层，有毒的烟雾极易被吸入其中，人在电梯里随时会被浓烟毒气熏呛而窒息。因此，火灾时千万不可乘普通的电梯逃生，而是要根据情况选择进入相对较为安全的楼梯、消防通道、有外窗的通廊。此外，还可以利用建筑物的阳台、窗台、天台屋顶等攀登到周围的安全地点。

如果逃生要经过充满烟雾的路线，为避免浓烟呛入口鼻，可使用毛巾或口罩蒙住口鼻，同时使身体尽量贴近地面或匍匐前行。烟气一般较空气轻而飘于上部，贴近地面撤离是避免烟气吸入的最佳方法。穿过烟火封锁区，应尽量佩戴防毒面具、头盔、阻燃隔热服等护具，如果没有这些护具，可采用向头部、身上浇冷水的方法，或用湿毛巾、湿棉被、湿毯子等，将头、身体裹好再冲出去。

3）寻找、自制有效工具进行自救。有些建筑物内设有高空缓降器或救生绳，火场人员可以通过这些设施安全地离开危险的楼层。如果没有这些专门设施，而安全通道又已被烟火封堵，在救援人员还不能及时赶到的情况下，可以迅速利用身边的绳索或床单、窗帘、衣服等自制成简易救生绳，有条件的最好用水打湿，然后从窗台或阳台沿绳缓滑到下面楼层或地面。还可以沿着水管、避雷线等建筑结构中的凸出物滑到地面安全逃生。

4）暂避较安全场所，等待救援。假如用手摸房门已感到烫手，或已知房间被大火或烟雾围困，此时切不可打开房门，否则火焰与浓烟会顺势冲进房间。这时可采取创造避难场所、固守待援的办法。首先应关紧迎火的门窗，打开背火的门窗，用湿毛巾或湿布条塞住门窗缝隙，或者用水浸湿棉被蒙上门窗，并不停泼水降温，同时用水淋透房间内可燃物，防止烟火渗入，固守在房间内，等待救援人员到达。

5）设法发出信号，寻求外界帮助。被烟火围困暂时无法逃离的人员，应尽量站在阳台或窗口等易于被人发现和能避免烟火近身的地方。在白天，可以向窗外晃动鲜艳衣物，或向外抛轻型晃眼的东西；在晚上，可以用手电筒不停地在窗口闪动或者利用敲击金属物、大声呼救等方式，及时发出有效的求救信号，引起救援者的注意。另外，消防人员进入室内救援都是沿墙壁摸索前进的，因此，当被烟气窒息失去自救能力时，应努力滚到墙边或门边，这样便于消防人员找到获得营救。同时，躺在墙边也可防止房屋结构塌落砸伤自己。

6）无法逃生时，跳楼是最后的选择。身处火灾烟气中的人，精神上往往陷于恐惧之中，这种恐慌的心理极易导致不顾一切的伤害性行为，如跳楼逃生。应该注意的是，只有消防人员准备好救生气垫并指挥跳楼时，或者楼层不高（一般4层以下），非跳楼即被烧死的情况下，才采取跳楼的方法。即使已没有任何退路，若生命还未受到严重威胁，也要冷静地等待消防人员的救援。

跳楼也要有技巧。跳楼时应尽量往救生气垫中部跳或选择有水池、软雨篷、草地等方向跳。如有可能，要尽量抱些棉被、沙发垫等松软物品或打开雨伞跳下，以减缓冲击力。如果徒手跳楼，一定要抓住窗台或阳台边沿使身体自然下垂，以尽量降低身体与地面的垂直距离，落地前要双手抱紧头部，身体弯曲成一团，以减少伤害。跳楼虽可求生，但会对身体造成一定的伤害，所以要慎之又慎。

（2）提高自救与逃生能力

1）熟悉周围环境，记牢消防通道路线。每个人对自己工作场所环境和居住所在地的建筑物结构及逃生路线要做到了如指掌，若处于陌生环境，如入住宾馆、在商场购物、进入娱乐场所时，务必要留意疏散通道、紧急出口的具体位置及楼梯方位等，这样一旦火灾发生，寻找逃生之路就会胸有成竹、临危不惧，并安全迅速地脱离现场。

2）不断提高自己的安全意识。只有在日常工作和生活中注意积累和提高各种安全技能，才能使自己面对险境时保持镇静，得以生存。因此，有火灾隐患的单位或其他有条件的单位，应集中组织火灾应急逃生预演，使人们熟悉周围环境和建筑物内的消防设施及自救逃生的方法。这样，火灾发生时，就不会惊慌失措、走投无路，使每个人都能沉着应对、从容不迫地逃离险境。这也是人们能从火场逃生的最有效措施之一。

3）保持通道出口畅通无阻。楼梯、消防通道、紧急出口等是火灾发生时最重要的逃生之路，应确保其畅通无阻，切不可堆放杂物或封闭上锁。任何人发现任何地点的消防通道或紧急出口被堵塞，都应及时报告消防救援部门进行处理。

二、危险化学品泄漏事故避险与逃生

危险化学品泄漏的特点是发生突然、扩散迅速、持续时间长、涉及面广，一旦出现泄漏事故，往往引起人们的恐慌，处理不当则会产生严重的后果。因此，发生危险化学品泄漏事故后，如果现场人员无法控制泄漏，则应迅速报警并选择安全逃生。不同化学物质以及在不同情况下出现泄漏事故，自救与逃生的方法有很大差异，若逃生方法选择不当，不仅不能安全逃出，反而会使自己受到更严重的伤害。

1. 安全撤离事故现场

（1）发生危险化学品泄漏事故时，现场人员不可恐慌，按照平时应急预案演练的步骤，各司其职，井然有序地撤离。

（2）从危险化学品泄漏事故现场逃生时，要抓紧宝贵的时间，任何贻误时机的行为都有可能给现场人员带来灾难性的后果。因此，当现场人员确认无法控制泄漏源时，必须当机立断，选择正确的逃生方法，快速撤离现场。

（3）逃生要根据泄漏物质的特性，佩戴相应的个人防护用具。如果现场没有防护用具或者防护用具数量不足，也可应急使用湿毛巾或衣物捂住口鼻逃生。

(4) 沉着冷静确定风向，然后根据毒气泄漏源位置，向上风向或沿侧风向转移撤离，也就是逆风逃生。另外，根据泄漏物质的密度，选择沿高处或低洼处逃生，但切忌在低洼处滞留。

(5) 如果事故现场已有消防救援人员或专人引导，逃生时要服从他们的指引和安排。

2. 提高自救与逃生能力

在危险化学品泄漏事故发生时能够顺利逃生，除了在现场能够临危不惧，采取有效的自救逃生方法外，还要靠平时掌握有毒有害化学品防护的知识，提高自救能力。因此，接触危险化学品的职工，应了解本单位、本班组各种危险化学品的危害，熟悉厂区建筑物、设备、道路等，必要时能以最快的速度报警或选择正确的方法逃生。同时，用人单位应向职工提供必要的设备、培训等条件，通过对职工的安全教育和培训，使他们能够正确识别危险化学品安全标签，了解危险化学品安全使用程序和注意事项，以及所接触危险化学品对人体的危害、防护和急救措施。用人单位还应制定和完善危险化学品泄漏事故应急预案，并定期组织演练，让每一名职工都了解应急方案，掌握自救的基本要领和逃生的正确方法，提高职工应对危险化学品泄漏事故的应变能力，做到遇灾不慌、临阵不乱，能够正确判断和处理。

另外，根据国家有关法律法规规定，有可能发生危险化学品泄漏事故的用人单位，应该在厂区最高处安装风向标。发生危险化学品泄漏事故后，风向标可以正确指导有关人员根据风向及泄漏源位置，及时往上风向或侧风向逃生。用人单位还应保证每个作业场所至少有 2 个紧急出口，紧急出口和通道要畅通无阻并有明显标志。

三、人员聚集场所踩踏事故避险与逃生

1. 人员聚集场所的概念

所谓人员聚集场所，是指一定的空间或者范围内，人员聚集数量达到一定规

模的公共场所，一般指以下公共场所：

（1）宾馆、饭店、商场、集贸市场、体育场馆、会堂、公共娱乐场所。

（2）医院的门诊楼、病房楼，学校的教学楼、图书馆和集体宿舍，养老院、托儿所、幼儿园。

（3）客运车站、码头、民用机场的候车、候船、候机厅（楼）。

（4）公共图书馆的阅览室、公共展览馆的展览厅。

（5）劳动密集型企业的生产加工车间、员工集体宿舍。

2. 人员聚集场所踩踏事故的危害

近年，世界上时常发生公共场所拥挤踩踏事故。拥挤是一种在很短的时间内，因为某种突发的原因，在人员集中的场所内引起的情绪亢奋、行动过激、人群大量聚集的失控现象。拥挤是突发事件，在人员密集的公共场所难免遇到，特别是我国城市人员集中，交通线路、大型活动场所经常会遇到人员拥挤的状况。

空间有限，而人群相对集中的场所容易引起拥挤踩踏安全事故，如旅游园区、商场或超市的活动场所、地铁站（含自动扶梯）、楼梯（尤其转弯处）、狭窄的街道、酒吧、夜总会、学校或宗教集会场所等。

公共场所发生人群拥挤踩踏事件是非常危险的，在行进的人群中，如果前面有人摔倒，而后面不知情的人若继续向前行进的话，那么人群中极易出现像“多米诺骨牌”一样连锁倒地的拥挤踩踏现象。

在人多拥挤的地方发生踩踏事故的原因有多种，一般来讲，当人群因恐慌、愤怒、兴奋而情绪激动失去理智时，危险往往容易产生。此时，置身在这样的环境中，就非常有可能受到伤害。

发生拥挤踩踏事故时，容易受到伤害的主要是老人、妇女和儿童。在混乱人群中，他们往往因为力气小、个子矮，或者因为腿脚不方便、躲避不及时而被人撞倒。

3. 人员聚集场所踩踏事故避险与逃生要点

（1）发觉拥挤的人群向着自己行走的方向拥来时，应该马上避到一旁，但是不要奔跑，以免摔倒。

（2）如果有可以暂时躲避的房间、水房等空间，可以暂避一时。切记不要逆着人流前进，那样非常容易被推倒在地。

（3）若身不由己陷入人群之中，一定要先稳住双脚。切记远离玻璃窗，以免因玻璃破碎而被扎伤。

（4）遭遇拥挤的人流时，一定不要采用体位前倾或者低重心的姿势，即便鞋子被踩掉，也不要贸然弯腰提鞋或系鞋带。

（5）如有可能，可抓抱坚固牢靠的固定物，待人群过去后，迅速而镇静地离开现场。

（6）在拥挤的人群中，要时刻保持警惕，当发现有人情绪不对，或人群开始骚动时，就要做好准备，保护自己和他人。

（7）在拥挤的人群中，千万不能被绊倒，避免自己成为拥挤踩踏事件的诱发因素。

（8）在拥挤的人群中，一定要时时保持警惕，不要被自己的好奇心理所驱使。当面对惊慌失措的人群时，要保持自己情绪稳定，不要被别人感染，惊慌只会使情况更糟。

（9）已被裹挟至人群中时，要切记和大多数人的前进方向保持一致，不要试图超过别人，更不能逆行，要听从指挥人员口令。同时要发扬团队精神，因为组织纪律性在灾难应急处置上非常重要。专家指出，心理镇静是个人逃生的前提，服从大局是集体逃生的关键。

（10）如果出现拥挤踩踏导致人员受伤的情况，应及时联系外援，寻求帮助，赶快拨打 110 或 120 等报警电话。

四、自然灾害事故避险与逃生

1. 大风天气避险

（1）施工工地大风天气避险注意事项如下：

1）突发大风时，现场应急抢险组织、抢险队进入现场抢险时，首先要做好自我保护，应走稳脚步、找准落脚点，同时眼观六路、耳听八方。

2）对需要拉闸断电才能处置的险情，由专职电工处置。

3）对有可能坠落的物品，能移的移，不能移的采取临时加固措施，防止造成事故。

4）对需要加固的危险物品，在处理加固中必须由专人进行，并设专人监护，对处置有困难的应立即上报本单位应急救援指挥部门增援。

（2）城市中，大风及其在建筑物之间产生的“强风效应”时常会刮坏房屋、广告牌和大树等，并会妨碍高空作业，甚至引发火灾。应做好以下避险措施：

1）大风天气，在施工工地附近行走时应尽量远离工地并快速通过，不要在高大建筑物、广告牌或大树的下方停留。

2）及时加固门窗、围挡、棚架等易被风吹动的搭建物，妥善安置易受大风损坏的室外物品。

3）机动车和非机动车驾驶员应减速慢行。

4）立即停止高空、水上等户外作业。立即停止露天集体活动，并疏散人员。

5）不要将车辆停在高楼、大树下方，以免玻璃、树枝等吹落造成车体损伤。

6）应密切关注火灾隐患，以免发生火灾时火借风势，造成重大损失。

7）留意天气预报，做好防风准备。老人和小孩切勿在大风天气外出。

2. 暴雨天气避险

暴雨，特别是大范围的大暴雨或特大暴雨，往往会在很短时间内造成城市内涝，使居民的生命财产遭受损失，对城市交通也会带来重大影响。暴雨天气应注意以下避险措施：

（1）预防居民住房发生小内涝，可因地制宜，在家门口放置挡水板或堆砌土坎。

（2）室外积水漫入室内时，应立即切断电源，防止积水带电伤人。

（3）在户外积水中行走时，要注意观察，贴近建筑物行走，防止跌入窨井、地坑等。

（4）驾驶员遇到路面或立交桥下积水过深时，应尽量绕行，避免强行通过。

（5）不要将垃圾、杂物丢入马路下水道，以防堵塞，积水成灾。

（6）家住平房的居民应在雨季来临之前检查房屋，维修房顶。

（7）暴雨期间尽量不要外出，必须外出时应尽可能绕过积水严重的地段。

（8）在山区旅游时，注意防范山洪。上游来水突然混浊、水位上涨较快时，须特别注意。

3. 冰雪天气避险

冰雪天气时，由于视线不清，路面湿滑，给出行带来很多安全隐患，极易发生交通和跌伤等事故。冰雪天气要做好以下避险措施：

（1）冰雪天气行车应给车辆轮胎少量放气，增加轮胎与路面的摩擦力。

（2）冰雪天气行车应减速慢行，转弯时避免急转以防侧滑，踩刹车不要过急过死。

（3）在冰雪路面上行车，应安装防滑链，佩戴有色眼镜或变色眼镜。

（4）路过桥下、屋檐等处时，要迅速通过或绕道通过，以免上结冰凌因融化突然脱落伤人。

（5）在道路上撒融雪剂，以防路面结冰，应及时组织扫雪。

（6）老人及体弱者应避免出门。

（7）能见度在 50 m 以内时，机动车最高时速不得超过每小时 30 km，并保持车距。

（8）发生交通事故后，应在现场后方设置明显标志，以防二次事故的发生。

4. 地震避险与逃生

（1）地震时如何避险。从发生地震到房屋倒塌，一般只有十几秒的时间。这就要求我们必须在瞬间冷静并做出正确的抉择。强震袭来时人往往站立不稳，如果一时逃不出去，最好就近找个相对安全的地方蹲下或者趴下，同时尽可能找个枕头、坐垫、书包、脸盆或厚书本等护住头颈部，待地震过后再迅速撤离到室外开阔地带。地震避险要点如下：

1）在住宅（楼房和平房）内时，要远离外墙及门窗，可选择厨房、浴室等开间小、不易塌落的地方躲藏。躲藏的具体位置可选择桌子或床下，也可选择坚固的家具旁或紧挨墙根的地方。住楼房高层的千万不要惊慌跳楼。

2）在教室内时，学生应用书包护头躲在课桌下或课桌旁，地震过后由教师指挥有秩序地撤出教室。

3）在工作间时，迅速关掉电源和气源，就近躲藏在坚固的机器、设备或者办公家具旁。

4）在商场、展厅、地铁等公共场所时，立即躲在坚固的立柱或墙角下，避开玻璃橱窗、广告灯箱、高大货架、大型吊灯等危险物。地震过后应听从工作人员指挥，有序撤离。

5）在体育馆、影剧院内时，护住头部，蹲、伏到排椅下面。

6）在车辆中时，司机要立即驾车驶离立交桥或高楼下以及陡崖边等危险地段，在开阔路面停车避震；乘客不要跳车，地震过后再下车疏散。

7）在开阔地时，尽量避开拥挤的人流，一家人要集中在一起，照看好老人和儿童，避免走失。

8）注意远离高层建筑、烟囱、高大古树等，特别要避开有玻璃幕墙的建筑物。

9）躲开变压器、电线杆、路灯、高压线、广告牌等高处的危险物。

10）不要使用电梯。

（2）震后的逃生自救。大地震后，在最短时间内展开自救互救，尤其是家庭、邻里间的自救互救，是减少地震伤亡的有效措施之一。逃生自救要点如下：

1）被埋压人员要坚定自己的求生意志，消除恐惧心理。能自己离开险境的，应尽快想办法脱离险境。

2）被埋压人员不能自我脱险时，应设法先将手脚挣脱出来，清除压在自己身上特别是腹部以上的物体，等待救援。可用毛巾、衣服等捂住口、鼻，防止因吸入烟尘而引起窒息。

3）被埋压人员要头脑清醒，不可大声呼救，尽量减少体力消耗，等待救援。应尽一切可能与外界联系，如用砖石敲击物体，或在听到外面有人时大声呼救。

4）被埋压人员应设法支撑可能坠落的重物，确保安全的生存空间，最好向有光线和空气流通的方向移动。若无力脱险，在可活动的空间里，设法寻找食品、水或代用品，创造生存条件，耐心等待营救。

5. 其他常见自然灾害避险与逃生

（1）泥石流。泥石流是山地沟谷中由洪水引发的携带大量泥沙、石块的洪流。泥石流来势凶猛，而且经常与山体崩塌相伴相随，对农田、道路以及桥梁等建筑物破坏性极大。泥石流避险要点如下：

1）发现有泥石流迹象，应立即观察地形，向沟谷两侧山坡或高地跑。

2）逃生时，要抛弃一切影响奔跑速度的物品。

3）不要躲在有滚石和大量堆积物的陡峭山坡下面。

4）不要停留在低洼的地方，也不要攀爬到树上躲避。

5）去山地户外游玩时，要选择平整的高地作为营地，尽可能避开河（沟）道弯曲的凹岸或地方狭小高度又低的凸岸。

6）切忌在沟道处或沟内的低平处搭建宿营棚。当遇到长时间降雨或暴雨时，应警惕泥石流的发生。

（2）滑坡崩塌。滑坡是指斜坡上的土体或岩体，受河流冲刷、地下水活动、地震及人工切坡等因素的影响，在重力的作用下，沿着一定的软弱面或软弱带，整体地或分散地顺坡向下滑动的自然现象。滑坡的别名叫作地滑，我国许多山区的群众，形象地把滑坡称为“走山”。崩塌易发生在较为陡峭的斜坡地段，常导致道路中断、堵塞或坡脚处建筑物毁坏倒塌，如发生洪水还可能直接转化成泥石流。更严重的是，因崩塌堵河断流而形成天然坝，可引起上游回水，使江河溢流，造成水灾。滑坡崩塌避险要点如下：

1）行车中遭遇滑坡崩塌不要惊慌，应迅速离开有斜坡的路段。

2）因滑坡崩塌造成车流堵塞时，应听从交通指挥，及时接受疏导。

3）雨季时切忌在危岩附近停留。

4）不能在凹形陡坡、危岩突出的地方避雨、休息和穿行，不能攀登危岩。

5）山体坡度大于45°，或山坡成孤立山嘴、凹形陡坡等形状，以及坡体上有明显的裂缝，都容易形成滑坡崩塌。

6）夏汛时节，人们在选择去山区峡谷郊游时，一定要事先收听当地天气预报，不要在大雨后、连阴雨天进入山区沟谷。

（3）洪灾。洪灾避险逃生要点如下：

1）洪水到来时，来不及转移的人员，要就近迅速向山坡、高地、楼房、避洪台等地转移，或者立即爬上屋顶、楼房高层、大树、高墙等高处暂避。

2）如洪水继续上涨，暂避的地方已难自保，则要充分利用准备好的救生器材逃生，或者迅速找一些门板、桌椅、木床、大块的泡沫塑料等能漂浮的材料扎成筏逃生。

3）如果已被洪水包围，要设法尽快与当地政府防汛部门取得联系，报告自己的方位和险情，积极寻求救援。千万不要游泳逃生，不要攀爬带电的电线杆、铁塔，也不要爬到泥坯房的屋顶。

4）如已被卷入洪水中，一定要尽可能抓住固定的或能漂浮的物品，寻找机会逃生。

5）发现高压线铁塔倾斜或者电线断头下垂时，一定要迅速远避，防止直接触电或因地面的跨步电压触电。

6）洪水过后，要做好各项卫生防疫工作，预防传染病的流行。

7）认清路标，明确撤离的路线和目的地，避免因为惊慌而走错路。

8）备足速食食品或蒸煮够食用几天的食品，准备足够的饮用水和日用品。

9）扎制木排、竹排，搜集木盆、木材、大件泡沫塑料等适合漂浮的材料，加工成救生装置以备急需。

10）将不便携带的贵重物品作防水捆扎后埋入地下或放到高处，票款、首饰等小件贵重物品可缝在衣服内随身携带。保存好尚能使用的通信设备。

第五节　常见事故现场急救

一、意外触电事故现场急救

1. 触电症状

（1）轻者有惊吓、发麻、心悸、头晕、乏力等症状，一般可自行恢复。

（2）重者会出现强直性肌肉收缩、昏迷、休克，以心室纤颤为主，低压电流造成上述症状持续数分钟后心搏骤停，高压电流主要伤害呼吸中枢，造成的呼吸麻痹为主要死因。

（3）局部烧伤。低压电流所致伤口小，伤口焦黄，较干燥（似烤煳状）；高压电流或闪电烧伤，表面可有烧伤烙印闪电纹，给人感觉烧伤并不严重，但实际烧伤面积大、伤口深，重者可伤及肌肉、肌腱、血管、神经及骨骼。

2. 伤员脱离电源的处理

触电事故现场急救首先要使触电者迅速脱离电源，越快越好，因为电流作用时间越长，对人体伤害就越重。脱离电源就是要把触电者接触的那一部分带电设备的开关或其他断路设备断开，或设法将触电者与带电设备脱离。

（1）在脱离电源前，急救人员不得直接用手触及伤员，以免急救人员同时触电。如触电者处于高处，应采取相应措施，防止该伤员脱离电源后自高处坠落形成复合伤。

（2）触电者触及低压带电设备后，急救人员应设法迅速切断电源，如关闭电源开关，拔出电源插头等，或使用绝缘工具，如干燥的木棒、木板、绳索等解脱触电者。另外，急救人员可站在绝缘垫上或干木板上，在使触电者与导电体解脱时，最好用一只手进行。

（3）触电者触及高压带电设备后，急救人员应迅速切断电源或用适合该电压等级的绝缘工具（戴绝缘手套、穿绝缘靴、用绝缘棒）解脱触电者。急救人员在抢救过程中应注意保护自身，与周围带电部分保持必要的安全距离。

（4）在救护触电伤员切除电源时，有时会同时使照明电路断电，因此，应考虑使用事故照明、应急灯等临时照明，新的照明要符合使用场所的防火防爆要求，但不能因此延误切断电源和急救人员操作。

3. 伤员脱离电源后的处理

（1）对神志清醒的触电伤员，应使其就地躺平，严密观察其呼吸、脉搏等生命指标，暂时不要让其站立或走动。

（2）对神志不清的触电伤员，也应使其就地平躺，且确保气道通畅，并呼叫伤员或轻拍其肩部，以判定伤员是否丧失意识。禁止用摇动伤员头部的方式呼叫伤员。

（3）呼吸、心搏情况的判定。触电伤员如丧失意识，应在 10 s 内用看、听、试的方法，判定伤员呼吸、心搏情况：看伤员的胸部、上腹部有无呼吸起伏动作；用耳贴近伤员的口鼻处，听有无呼吸气的声音；先试测口鼻有无呼气的气流，再用两手指轻试一侧（左或右）喉结旁凹陷处的颈动脉有无搏动。

若采用看、听、试等方法发现伤员既无呼吸又无颈动脉搏动，可判定伤员呼吸、心搏停止。

（4）对需要进行心肺复苏的伤员，在将其脱离电源后，应立即就地进行有效的心肺复苏抢救。

（5）紧急呼救。大声向周围人群呼救，同时拨打 120 电话请求急救。

（6）伤员的移动与转送。心肺复苏应在现场就地坚持进行，不要随意移动伤员，如确实需要移动时，抢救中断时间不应超过 30 s。

移动伤员或将伤员送医院时，除应使伤员平躺在担架上，并在其背部垫以平硬宽木板外，还应继续抢救，呼吸、心搏停止者应继续用心肺复苏技术抢救，并做好保暖工作。

在转送伤员去医院前，应与有关医院取得联系，请求做好接收伤员的准备，同进度对触电人员的其他合并伤，如骨折、体表出血等做出相应的处理。

(7) 伤员好转后的处理。如伤员的呼吸和心搏经抢救后均已恢复，则可暂停心肺复苏操作，但呼吸、心搏恢复后的早期仍有可能再次骤停，应严密监护，不能大意，要随时准备再次抢救。

二、化学品烧伤现场急救

化学品烧伤主要包括被强酸烧伤和被强碱烧伤。

高浓度酸能使皮肤角质层蛋白质凝固坏死，呈界限明显的皮肤烧伤，并可引起局部疼痛性、凝固性坏死。

被强碱烧伤时，由于碱具有吸水性，会使局部细胞脱水，强碱烧伤后创面呈黏滑或肥皂样变化。

1. 强酸烧伤的急救方法

(1) 各种不同的酸烧伤，其皮肤产生的颜色变化也不同，如硫酸创面呈青黑色或棕黑色；硝酸烧伤先呈黄色，以后转为黄褐色；盐酸烧伤则呈黄蓝色；三氯醋酸的创面先为白色，以后变为青铜色等。此外，皮肤颜色的改变还与酸烧伤的深浅有关，潮红色最浅，灰色、棕黄色或黑色则较深。

(2) 酸烧伤后立即用水冲洗是最为重要的急救措施。冲洗后一般不需用中和剂，必要时可用2%～5%的碳酸氢钠、2.5%的氢氧化镁或肥皂水处理创面后，仍用大量清水冲洗，以去除剩余的中和溶液。

(3) 创面处理采用一般烧伤的处理方法。由于酸烧伤后形成的痂皮完整，宜采用暴露疗法。

2. 强碱烧伤的急救方法

(1) 碱烧伤后，应立即用大量清水冲洗创面，冲洗时间越长，效果越好，达10 h效果尤佳，但伤后2 h处理者效果差。如创面pH值达7以上，可用0.5%～5%醋酸或2%硼酸湿敷创面，然后用清水冲洗。

(2) 创面冲洗干净后，最好采用暴露疗法，以便观察创面的变化。深度烧伤应及早进行切痂植皮手术。全身处理同一般烧伤。

三、眼部受伤现场急救

机械制造企业最常见的眼部受伤是铁屑飞入眼睛，或化学物质如强酸、强碱等溅入眼睛。眼睛是人体中较脆弱的部位，一定要采取及时、正确的方法予以处理，以免造成失明。

眼睛受伤的现场急救方法如下：

1. 轻度眼伤

如眼睛进异物，切忌用手揉搓，以防伤到角膜、眼球，可请现场同伴用肥皂水洗手后，翻开眼皮用干净手绢、纱布将异物拨出。注意不要使用棉花等物品取异物，不要取虹膜或瞳孔口的异物。

如眼中溅入化学物质，要立即用大量清水反复冲洗。如果找不到水龙头，可以用杯中的水冲洗眼睛 15 min，并确保水进入眼睛内角。如果伤员戴隐形眼镜应将其摘掉。冲洗后用干净的棉布覆盖受伤的眼睛，并包扎覆盖双眼，以减少眼球的活动。

2. 重度眼伤

如异物插入眼中，这时千万不要试图拔出插入眼中的异物。若看到眼球鼓出或从眼球中脱出人体组织，切不可把它推回眼内，这样做十分危险，可能造成不可弥补的损失。正确的做法是让伤者仰躺，救护者设法支撑其头部，并尽可能使其保持静止不动，同时可用消毒纱布或刚洗过的新毛巾轻轻盖住伤眼，尽快送往医院。

四、断肢现场急救

一般来说，断肢包括因事故造成的人体肢体、手指和足趾断离事故。一旦发生断肢事故，首先要抢救伤员生命，检查有无脊髓和神经损伤等身体其他部位的伤害，并注意保护，防止引起或加重损伤。如有出血，要根据出血部位，选用加压包扎、指压、扎止血带等方法紧急止血，防止伤者休克。疑有骨折、脱位，先不要自行整复，可用夹板、石膏或代用品进行简单固定。活动性出血（如手或足出血），最好别压迫大肢体（如前臂、小腿），这样会压迫住静脉。但是动脉一般压迫不住，反而会增加出血量，因此采用局部加压法更好些。

做完这些或与此同时，应该处理断肢。有时手指未完全断离，仍有一点皮肤或组织相连，其中可能有细小血管，足以提供营养，避免手指坏死，因此务必小心在意，妥善包扎保护，防止血管受到扭曲或拉断。

断肢残端如有出血，应首先止血。肢体断离后，虽失去血脉滋养，但短期内尚有生机，而时间一长，则会变性腐烂。冷藏保存断肢可以降低其新陈代谢的速度，维持生机。冬天气温较低，容易做到（8 h 内可再植）；春秋季节，特别是盛夏，天气炎热，此时迅速低温冷藏保存断肢尤为重要。可将断肢先用无菌敷料或相对干净的布巾等代用品包裹，外面用塑料薄膜密封，然后置于合适的容器如冰瓶内，周围放上冰块，和病人一起转送至附近有再植条件的医院。冰块可取自冰箱，若一时难以取得，可用冰棍、雪糕代替。断肢不可直接与冰块或冰水接触，以防冻伤变性。酒精可使蛋白质变性，故绝对禁止将断肢直接浸泡于酒精内。如欲冲洗，只可用生理盐水。因高渗或低渗溶液，均对组织细胞有害，会影响再植成活率，故不能用来浸泡、冲洗断肢。

五、车辆伤害现场急救

车辆伤害多发生于公路，如行人、自行车被机动车撞伤，摩托车、汽车翻车伤及车内人员等。车辆伤害的主要受伤部位为人体头部、四肢、盆腔、肝、脾、胸部，引起人员死亡的主要原因为头部损伤、严重的复合伤和碾轧伤。如果是运输危险化学品的车辆发生了交通事故，不仅会造成人员伤害，还可能由于危险化学品受到撞击而泄漏发生火灾、爆炸或人员中毒等事故。

车辆伤害现场急救原则如下：

（1）应注意现场急救行动的顺序，即紧急呼救→保护现场→转运伤员，可分别拨打求救电话120、110、119。

（2）切勿立即移动伤者，除非处境会危害其生命（如汽车着火、有爆炸可能等情形）。

（3）将失事车辆引擎关闭，拉紧驻车制动或用石头固定车轮，防止汽车滑动。

（4）呼救的同时，现场人员首先要查看伤员的伤情。伤员从车内救出的过程中，应根据伤情区别进行处置，脊柱损伤伤员不能拖、拽、抱，应使用颈托固定颈部或使用脊柱固定板，避免脊髓受损或损伤加重导致截瘫。

（5）实行先救命、后治伤的原则，若伤员呼吸、心搏停止，则应立即进行心肺复苏抢救。

（6）意识清醒的伤员可询问其伤在何处（疼痛、出血、活动受限的部位），并立刻检查受伤部位，进行对应处理，疑有骨折者应尽量简单固定后再搬运。

（7）事故发生后应尽可能对现场进行保护，以便给事故责任划分提供可靠证据，并采用最快的方式向交通管理执法部门报告。

（8）如果交通事故涉及危险化学品，应首先了解危险化学品的种类、名称和危险特性，有针对性地实施应急行动，同时正确佩戴劳动防护用品，站在上风侧进行现场救护。

六、溺水事故现场急救

1. 水中急救

（1）自救。当发生溺水且不熟悉水性时，除及时呼救外，应及时取仰卧位，头部向后，使鼻部露出水面呼吸。呼气要浅，吸气要深，一般情况下可浮出水面，此时千万不要慌张，不要将手臂上举乱扑动而使身体下沉更快。

会游泳者，如果发生腿部抽筋，要保持镇静，采取仰泳位，用手将抽筋的腿的脚趾向背侧弯曲，可使痉挛缓解，然后慢慢游向岸边。救护溺水者，应迅速游到溺水者附近，观察清楚位置，从其后方出手救援，或投入木板、救生圈、长杆等，让落水者攀扶上岸。

（2）急救。急救人员迅速接近溺水者，从其后面靠近，不要让慌乱挣扎的溺水者抓住，以免发生危险。然后，从后面双手托住溺水者的头部，两人均宜采用仰泳姿态，将其带至安全处。有条件的采用可漂移的救护板救护伤员。上岸后，必要时立即进行口对口人工呼吸急救。

2. 岸上急救

（1）将伤员抬出水面后，应立即清理溺水者口鼻内的污泥、痰涕，用纱布裹住手指将落水者的舌头拉出口外，解开衣扣，以保持呼吸畅通，然后抱起溺水者的腰腹部，使其背朝上、头下垂进行倒水；或者抱起溺水者双腿，将其腰腹部放在施救者的肩上，快步奔跑使积水倒出；或者施救者采取半跪位，将伤员的腹部放在施救者腿上，使其头部下垂，并用手平压背部进行倒水。

（2）溺水者获救后，应立即检查其呼吸、心搏情况。如呼吸停止，应马上实施人工呼吸急救，先口对口吹入 4 口气，在 5 s 内观察其有无恢复自主呼吸，如无反应，应接着进行，直至其恢复自主呼吸为止。

（3）如果溺水者呼吸、心搏完全停止了，应立即做心肺复苏急救。

（4）不能轻易放弃抢救，特别是低温情况下，应抢救更长时间，直到专业救护人员到达。

（5）现场急救有效，伤员恢复呼吸、心搏，可用干毛巾擦遍全身，自四肢、躯干向心脏方向摩擦，以促进血液循环。

七、高处坠落现场急救

1. 高处坠落的危害

高处坠落一般发生于高处作业、行车作业、大型机械设备安装或维修作业中。高处坠落通常造成人员多器官损伤，严重者当场死亡。高处坠落时，若足或臀部先着地，则外力可沿脊柱传导到颅脑而致伤；由高处仰面跌下时，背或腰部受冲击，可引起腰椎韧带撕裂、椎体裂开或椎弓根骨折，易引起脊髓损伤。如果发生脑干损伤，常有较重的意识障碍、光反射消失等症状，也可能出现严重的合并症状。

2. 急救方法

（1）去除伤员身上的用具和口袋中的硬物。

（2）在搬运和转送过程中，颈部和躯干不能前屈或扭转，而应使脊柱伸直。绝对禁止在两人实施搬运时，一人抬肩另一人抬腿的搬法，以免导致或加重截瘫。

（3）对创伤局部妥善包扎，但对疑颅底骨折和脑脊液漏伤员切忌作填塞，以免引起颅内感染。

（4）颌面部受伤人员首先应保持呼吸道畅通，撤除假牙，清除移位的组织碎片、血凝块、口腔分泌物等，同时松解伤员的颈部、胸部衣物纽扣。若舌已后坠或伤者口腔内的异物无法清除，可用12号粗针穿刺环甲膜，维持呼吸，并尽快地进行气管切开手术。

（5）复合伤员要使其采用平仰卧位，保持呼吸道畅通，并解开其衣领扣。

（6）若周围血管受伤，则应将受伤部位以上的动脉压迫至骨骼上。直接在伤口上放置厚敷料用绷带加压包扎时，以不出血和不影响肢体血液循环为宜。当上述方法无效时慎用止血带，如必须使用止血带，原则上应尽量缩短使用时间，一般以不超过1 h为宜，并做好标记，注明上止血带的时间。

（7）有条件时迅速给予静脉补液，增加血容量。

（8）将伤员快速平稳地送医院救治。

八、化学品中毒现场急救

常见化学品中毒为刺激性气体中毒、窒息性气体中毒和有机溶剂中毒。其中，刺激性气体包括盐酸和硫酸酸雾、硫化氢等，窒息性气体包括一氧化碳、二氧化碳、氮气等，有机溶剂包括芳香烃、醇类、醚类等。

化学品中毒的急救措施如下：

（1）首先要中断毒物继续侵入。救护者戴好防毒面具后，迅速将中毒者撤离现场。如果是气体中毒，要将中毒者撤到上风向，并为其脱去已污染的衣服。

（2）如毒物已污染眼部、皮肤，应立即冲洗。

（3）松开领扣、腰带，使伤者呼吸新鲜空气。

（4）静卧、保暖。

（5）对于口服毒物中毒者，首先判断是否该催吐，如果允许，将手指伸进中毒者口中按压舌根，施加刺激使之反复呕吐。毒物为酸、碱、汽油、漂白剂、杀虫剂、去污剂等时不能催吐，应尽快送医院救治。

化学品中毒常伴有休克、呼吸障碍和心搏骤停等症状。应施行心肺复苏急救，同时针刺人中穴。

（6）在护送病人去医院的途中，应保持中毒者呼吸道畅通，并将中毒者头部偏向一侧，避免咽下呕吐物；取下中毒者假牙（若有），并将其舌头拉出引向前方，以防窒息。

九、中暑现场急救

人的体温维持在 37 ℃左右为正常，当环境温度过高时，体内就会大量失水、失盐并积聚大量余热，同时出现机体代谢紊乱现象，称为中暑。

高温车间、露天劳动或直接在烈日阳光下暴晒或在缺乏空调、通风设备的公共场所的人员，很有可能发生中暑。

1. 中暑症状

（1）中暑先兆。在高温环境下出现大汗、口渴、无力、头晕、眼花、耳鸣、恶心、胸闷、心悸、注意力不集中、四肢发麻等症状，体温一般不超过 37. 5 ℃。

（2）轻度中暑。上述症状加重，体温在 38 ℃以上，出现面色潮红或苍白、大汗、皮肤发凉、脉搏细弱、心率快、血压下降等呼吸及循环衰竭的症状及体征。

（3）重度中暑。体温在 39 ℃以上，会出现头疼、不安、嗜睡及昏迷、面色潮红、汗闭、皮肤干热、血压下降、呼吸急促、心率快等症状。

2. 现场急救

（1）迅速把中暑者移至阴凉通风处或有空调的房间，使之平卧，解开衣裤，以利呼吸和散热。

（2）轻度中暑饮淡盐水或淡茶水，可服用藿香正气水、十滴水、人丹等。

（3）体温升高者，用凉水擦洗全身，水的温度要逐步降低。在头部、腋窝、大腿根部可用冷水或冰袋敷之，以加快散热。

（4）重度中暑者，经降温处理后，应及时送至医院以便尽快获得专业急救和治疗。

十、食物中毒现场急救

很多用人单位为职工集中供应午餐或加班餐，如果食物储存过久、未加工熟或煮熟后放置时间太长，很容易引发集体性食物中毒。

1. 食物中毒的症状

食物中毒者最常见的症状是剧烈的呕吐、腹泻，同时伴有中上腹部疼痛症状。食物中毒者常会因上吐下泻而出现脱水症状，如口干、眼窝下陷、皮肤弹性消失、肢体冰凉、脉搏细弱、血压降低等，甚至可致休克，如手足发凉、面色发青、血压下降等。

2. 食物中毒现场急救

（1）尽快催吐。发现人员食物中毒时，应尽快催吐。可以用筷子或手指轻碰中毒者咽壁，促使其呕吐。如毒物太稠，可取食盐 20 g，加凉开水 200 mL，让中毒者喝下，多喝几次即可催吐；或者用鲜生姜 100 g 捣碎取汁，用 200 mL 温开水冲服。肉类食品中毒者，则可服用十滴水促使其呕吐。

（2）药物导泻。食物中毒时间超过 2 h，精神较好者，则可服用大黄 30 g，一次煎服；老年体质较好者，可采用番泻叶 15 g，一次煎服或用开水冲服。